HITE 6.0
培养体系

HITE 6.0全称厚溥信息技术工程师培养体系第6版，是武汉厚溥企业集团推出的“厚溥信息技术工程师培养体系”，其宗旨是培养适合企业需求的IT工程师，该体系被国家工业和信息化部人才交流中心鉴定为国家级计算机人才评定体系，凡通过HITE课程学习成绩合格的学生将获得国家工业和信息化部颁发的“全国计算机专业人才证书”，该体系教材由清华大学出版社全面出版。

HITE 6.0是厚溥最新的职业教育课程体系，该职业体系旨在培养移动互联网开发工程师、智能应用开发工程师、企业信息化应用工程师、网络营销技术工程师等。它的独特之处在于每年都要根据技术的发展进行课程的更新。在确定HITE课程体系之前，厚溥技术中心专业研究员在IT领域和一些非IT公司中进行了广泛的行业调查，以了解他们在目前和将来的工作中会用到的数据库系统、前端开发工具和软件包等应用程序，每个产品系列均以培养符合企业需求的软件工程师为目标而设计。在设计之前，研究员对IT行业的岗位序列做了充分的调研，包括研究从业人员技术方向、项目经验和职业素质等方面的需求，通过对面向学生的自身特点、行业需求与现状以及实施等方面的详细分析，结合厚溥对软件人才培养模式的认知，按照软件专业总体定位要求，进行软件专业产品课程体系设计。该体系集应用软件知识和多领域的实践项目于一体，着重培养学生的熟练度、规范性、集成和项目能力，从而达到预定的培养目标。整个体系基于ECDIO工程教育课程体系开发技术，可以全面提升学生的价值和学习体验。

一、移动互联网开发工程师

在移动终端市场竞争下，为赢得更多用户的青睐，许多移动互联网企业将目光瞄准在应用程序创新上。如何开发出用户喜欢并带来巨大利润的应用软件，成为企业思考的问题，然而这一切都需要移动互联网开发工程师来实现。移动互联网开发工程师成为求职市场的宠儿，不仅薪资待遇高，福利好，更有着广阔的发展前景，倍受企业重视。

移动互联网企业对Android和Java开发工程师需求如下：

已选条件:	Java(职位名)	Android(职位名)
共计职位:	共51014条职位	共18469条职位

1. 职业规划发展路线

Android				
★	★★	★★★	★★★★	★★★★★
初级Android 开发工程师	Android 开发工程师	高级Android 开发工程师	Android 开发经理	移动开发 技术总监
Java				
★	★★	★★★	★★★★	★★★★★
初级Java 开发工程师	Java 开发工程师	高级Java 开发工程师	Java 开发经理	技术总监

2. 素质能力提升路径

1 大学生	2 大学生活	3 学习习惯	4 职业目标	5 沟通表达	6 自我管理
12 准职业人	11 职业路线	10 求职技能	9 就业意识	8 融入团队	7 形象礼仪

3. 专业技能提升路径

1 大学生	2 计算机基础	3 编程基础	4 软件工程	5 数据库	6 网站技术
12 准职业人	11 产品规划	10 项目技能	9 高级应用	8 APP开发	7 基础应用

4. 项目介绍

(1) 酒店点餐助手

(2) 音乐播放器

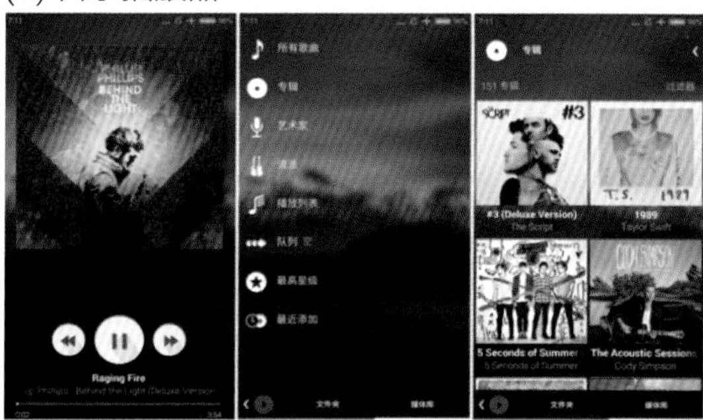

二、智能应用开发工程师

随着物联网技术的高速发展，我们生活的整个社会智能化程度将越来越高。在不久的将来，物联网技术必将引起我国社会信息的重大变革，与社会相关的各类应用将显著提升整个社会的信息化和智能化水平，进一步增强服务社会的能力，从而不断提升我国的综合竞争力。 智能应用开发工程师未来将成为热门岗位。

智能应用企业每天对.NET开发工程师需求约15957个需求岗位(数据来自51job)：

已选条件：	.NET(职位名)
共计职位：	共15957条职位

1. 职业规划发展路线

★	★★	★★★	★★★★	★★★★★
初级.NET 开发工程师	.NET 开发工程师	高级.NET 开发工程师	.NET 开发经理	技术总监
★	★★	★★★	★★★★	★★★★★
初级 开发工程师	智能应用 开发工程师	高级 开发工程师	开发经理	技术总监

2. 素质能力提升路径

1 大学生	2 大学生活	3 学习习惯	4 职业目标	5 沟通表达	6 自我管理
12 准职业人	11 职业路线	10 求职技能	9 就业意识	8 融入团队	7 形象礼仪

3. 专业技能提升路径

1 大学生	2 计算机基础	3 编程基础	4 软件工程	5 数据库	6 网站技术
12 准职业人	11 产品规划	10 项目技能	9 高级应用	8 智能开发	7 基础应用

4. 项目介绍

(1) 酒店管理系统

(2) 学生在线学习系统

三、企业信息化应用工程师

当前，世界各国信息化快速发展，信息技术的应用促进了全球资源的优化配置和发展模式创新，互联网对政治、经济、社会和文化的影响更加深刻，围绕信息获取、利用和控制的国际竞争日趋激烈。企业信息化是经济信息化的重要组成部分。

IT企业每天对企业信息化应用工程师需求约11248个需求岗位（数据来自51job）：

已选条件:	ERP实施(职位名)
共计职位:	共11248条职位

1. 职业规划发展路线

初级实施工程师	实施工程师	高级实施工程师	实施总监
信息化专员	信息化主管	信息化经理	信息化总监

2. 素质能力提升路径

1 大学生	2 大学生活	3 学习习惯	4 职业目标	5 沟通表达	6 自我管理
12 准职业人	11 职业路线	10 求职技能	9 就业意识	8 融入团队	7 形象礼仪

3. 专业技能提升路径

1 大学生	2 计算机基础	3 编程基础	4 软件工程	5 数据库	6 网站技术
12 准职业人	11 产品规划	10 项目技能	9 高级应用	8 实施技能	7 基础应用

4. 项目介绍

(1) 金蝶K3

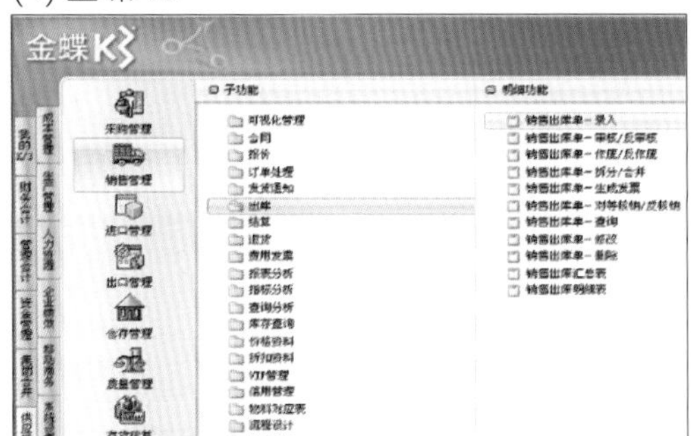

(2) 用友U8

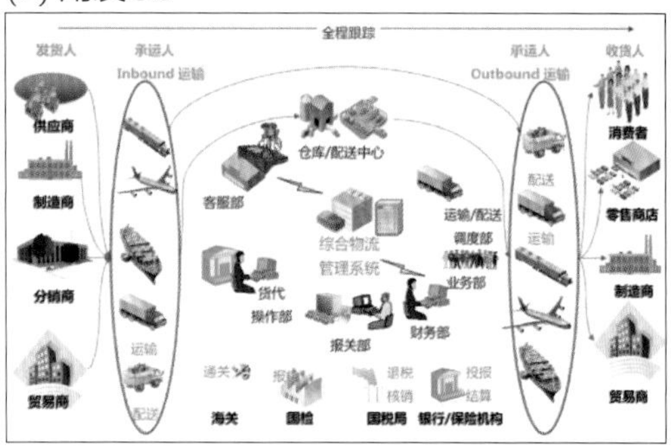

四、网络营销技术工程师

在信息网络时代，网络技术的发展和应用改变了信息的分配和接收方式，改变了人们生活、工作、学习、合作和交流的环境，企业也必须积极利用新技术变革企业经营理念、经营组织、经营方式和经营方法，搭上技术发展的快车，促进企业飞速发展。网络营销是适应网络技术发展与信息网络时代社会变革的新生事物，必将成为跨世纪的营销策略。

互联网企业每天对网络营销工程师需求约47956个需求岗位(数据来自51job)：

已选条件:	网络推广SEO(职位名)
共计职位:	共47956条职位

1. 职业规划发展路线

网络推广专员	网络推广主管	网络推广经理	网络推广总监
网络运营专员	网络运营主管	网络运营经理	网络运营总监

2. 素质能力提升路径

1 大学生	2 大学生活	3 学习习惯	4 职业目标	5 沟通表达	6 自我管理
12 准职业人	11 职业路线	10 求职技能	9 就业意识	8 融入团队	7 形象礼仪

3. 专业技能提升路径

1 大学生	2 计算机基础	3 编程基础	4 网站建设	5 数据库	6 网站技术
12 准职业人	11 产品规划	10 项目实战	9 电商运营	8 网络推广	7 网站SEO

4. 项目介绍

(1) 品牌手表营销网站

(2) 影院销售网站

HITE 6.0 软件开发与应用工程师

工信部国家级计算机人才评定体系

走进 Java 编程世界

武汉厚溥教育科技有限公司　编著

清华大学出版社

北　京

内容简介

本书按照高等院校、高职高专计算机课程基本要求，以案例驱动的形式来组织内容，突出计算机课程的实践性特点。本书详细介绍了Java编程技术基础及相应的技巧，共分为9个单元：认识Java语言、认识变量和数据类型、认识运算符和表达式、分支结构的应用、循环结构的应用、循环结构的复杂应用、数组的应用、Java方法的应用、Java方法的复杂应用。

本书结构清晰，内容丰富，案例典型，可作为高等院校、高职高专计算机相关专业的教材，也可作为计算机相关培训班的教材，并适合Java程序设计人员参考。

图书在版编目(CIP)数据

走进Java编程世界 / 武汉厚溥教育科技有限公司 编著. —北京：清华大学出版社，2018 (2024.9重印)
(HITE 6.0 软件开发与应用工程师)
ISBN 978-7-302-51199-1

I. ①走… II. ①武… III. ①JAVA语言－程序设计 IV. ①TP312.8

中国版本图书馆CIP数据核字(2018)第212721号

责任编辑：刘金喜　韩宏志
封面设计：王　晨
版式设计：孔祥峰
责任校对：成凤进
责任印制：丛怀宇

出版发行：清华大学出版社
网　　址：https://www.tup.com.cn, https://www.wqxuetang.com
地　　址：北京清华大学学研大厦A座　　**邮　　编**：100084
社 总 机：010-83470000　　**邮　　购**：010-62786544
投稿与读者服务：010-62776969, c-service@tup.tsinghua.edu.cn
质 量 反 馈：010-62772015, zhiliang@tup.tsinghua.edu.cn
印 装 者：三河市龙大印装有限公司
经　　销：全国新华书店
开　　本：185mm×260mm　**印　　张**：13.75　**彩　　插**：2　**字　　数**：326千字
版　　次：2018年9月第1版　**印　　次**：2024年9月第11次印刷
定　　价：69.00元

产品编号：080331-01

主　编：

翁高飞　王　敏

副主编：

朱洪莉　姜华林　张晓东　李　焕

编　委：

李林丽　谢厚亮　寇立红　曾永和
邓卫红　朱华西　魏　强　肖卓朋
魏红伟　黄金水

主　审：

朱　浪　赵海波

前言

Java是一种可以撰写跨平台应用软件的、面向对象的程序设计语言，是由Sun Microsystems公司(已被Oracle公司收购)于1995年5月推出的Java程序设计语言和Java平台(即Java SE、Java EE和Java ME)的总称。Java技术具有卓越的通用性、高效性、平台移植性和安全性，广泛应用于个人PC、数据中心、游戏控制台、科学超级计算机、移动电话和互联网，同时拥有全球最大的开发者专业社群。在全球云计算和移动互联网的产业环境下，Java更具备了显著优势和广阔前景。

本书是“工信部国家级计算机人才评定体系”中的一本专业教材。“工信部国家级计算机人才评定体系”是由武汉厚溥教育科技有限公司开发，以培养符合企业需求的软件工程师为目标的 IT 职业教育体系。在开发该体系之前，我们对 IT 行业的岗位序列做了充分的调研，包括研究从业人员技术方向、项目经验和职业素质等方面的需求，通过对所面向学生的特点、行业需求的现状以及实施等方面的详细分析，结合我公司对软件人才培养模式的认知，按照软件专业总体定位要求，进行软件专业产品课程体系设计。该体系集应用软件知识和多领域的实践项目于一体，着重培养学生的熟练度、规范性、集成和项目能力，从而达到预定的培养目标。

本书分为 9 个单元：认识 Java 语言、认识变量和数据类型、认识运算符和表达式、分支结构的应用、循环结构的应用、循环结构的复杂应用、数组的应用、Java 方法的应用及 Java 方法的复杂应用。

我们对本书的编写体系做了精心的设计，按照“理论学习—知识总结—上机操作—课后习题”这一思路进行编排。“理论学习”部分描述通过案例要达到的学习目标与涉及的相关知识点，使学习目标更加明确；“知识总结”部分概括案例所涉及的知识点，使知识点完整系统地呈现；“上机操作”部分对案例进行详尽分析，通过完整的步骤帮助读者快速掌握相应案例的操作方法；“课后习题”部分帮助读者理解章节的知识点。本书在内容编写方面，力求细致全面；在文字叙述方面，注意言简意赅、重点突出；在案例选取方面，强调案例的针对性和实用性。

本书凝聚了编者多年来的教学经验和成果，可作为各类高等院校、高职高专及培训机构的教材，也可供广大程序设计人员参考。

本书由武汉厚溥教育科技有限公司编著，由翁高飞、李伟、熊勇、陈智等多名企业实战项目经理编写。本书编者长期从事项目开发和教学工作，对当前高校的教学情况非常熟悉，在编写过程中充分考虑到不同学生的特点和需求，加强了项目实战方面的教学。本书编写过程中，得到了武汉厚溥教育科技有限公司各级领导的大力支持，在此对他们表示衷心的感谢。

参与本书编写的人员还有：武汉软件工程职业学院王路群、罗宝山、罗炜、董宁、张松慧、张恒，河南水利与环境职业学院张凌杰，河南教育学院程世辉、席红旗，柳州城市职业学院唐子蛟、温晓宇、赵杰等。

限于编写时间和编者的水平，书中难免存在不足之处，希望广大读者批评指正。

服务邮箱：wkservice@vip.163.com

编　者

2018 年 6 月

目录

单元一

认识 Java 语言

课程目标

- 了解 Java 语言的特点
- 了解常用 DOS 命令
- 掌握 Java 程序开发过程
- 掌握 Eclipse 的基本用法
- 掌握 Java 程序结构的组成

简 介

1995 年，美国 Sun Microsystems 公司(已被 Oracle 公司收购)正式向 IT 业界推出了 Java 语言，该语言具有安全、跨平台、面向对象、简单、适用于网络等显著特点。当时以 Web 为主要形式的互联网正在迅猛发展，Java 语言的出现迅速引起所有程序员和软件公司的极大关注，程序员们纷纷尝试用 Java 语言编写应用程序，并利用网络把程序发布到世界各地进行运行。包括 IBM、Oracle、Netscape、 Apple、SGI 等大公司，纷纷与 Sun Microsystems 公司签订合同，授权使用 Java 平台技术。微软公司还从其 Web 浏览器 Internet Explorer 3.0 开始，增加了支持 Java 语言的功能。同时，众多软件开发商也开发了很多支持 Java 语言的产品。

随着计算机技术日新月异的变化及网络化发展的趋势，Java 语言已成为目前最具吸引力且功能强大的程序设计语言。Java 语言是完全面向对象的，并且具有容易学习、功能强大、程序可读性好等优点，是其他传统语言无可比拟的。

本书对 Java 基础、变量与数据类型、运算符、分支、循环结构、数组、方法等知识做深入讲解，同学们通过对 Java 基础的认真而细致的学习，可以为随后的面向对象开发、Web 开发和后续的高级课程打下坚实基础。

本书目标：开发一个书店管理销售系统，实现管理员登录、会员管理、账单结算、积分兑换礼品和注销功能。

Java 标志如图 1-1 所示。

图 1-1　Java 标志

1.1　程序设计语言

1.1.1　程序与指令

日常生活中，我们时常利用计算机来查阅资料、看电影、玩游戏、听歌等，丰富我们的生活。计算机能帮我们做很多事情，但是，计算机仅是一台机器而已，当希望它为我们做一些事情时，计算机本身并不能主动为我们工作。因此，必须对它下达命令，命令它为我们做事。这个命令叫做“指令”。例如，敲击一个按键、单击一下鼠标，其实都是在向计算机发送指令。通常所说的“程序”一词，其实就是指令的集合，它告诉计算机执行一系列任务指令。

通常情况下，使用的应用程序分为两种，即 C/S(客户机/服务器)应用程序和 B/S(浏览器/服务器)应用程序。C/S 模式下，需要每个客户机安装单独的客户端软件，如使用的 Word 软件、QQ 等。B/S 模式下，需要借助 IE 等浏览器来运行程序，如登录一些网站。

1.1.2　计算机语言

为编写程序，人们设计了几百种程序语言，这些语言按阶段分为机器语言、汇编语言和高级语言。

1. 机器语言

大家知道，计算机能理解的语言只能是由 0 和 1 组成的二进制数。我们可以直接向计算机发送一串二进制数据来命令计算机工作，与计算机进行语言交流，指示它做哪些事情。所以，机器语言不仅执行速度快、占存储空间小，而且容易编制出高质量的程序。但由于程序是用 0 和 1 所表示的二进制代码，所以直接用机器语言编程不是一件容易的事，不仅程序的编写、修改、调试难度较大，而且程序的编写与机器硬件结构有关，因而极大地限制了计算机的使用，编程也成了高级专业人员才能胜任的工作。

2. 汇编语言

为了更容易地编写程序和提高机器的使用效率，人们在机器语言的基础上研制出了汇编语言。汇编语言用一些约定的文字、符号和数字按规定格式来表示各种不同的指令，然后用这些特殊符号表示的指令来编写程序。该语言中的每一条语句都对应一条相应的机器指令，用助记符代替操作码，用地址符代替地址码。正是这种替代，有利于机器语言实现“符号化”，所以又把汇编语言称为符号语言。汇编语言程序比机器语言程序易读、易查、易修改。同时保持了机器语言编程质量高、执行速度快、占存储空间小的优点。不过，在编制比较复杂的程序时，汇编语言还存在着明显的局限性。这是因为机器语言与汇编语言均属于低级语言，即都是面向机器的语言，只是前者用指令代码编写程序，后者用符号语言编写程序。由于低级语言的使用依赖于具体的机型，即与具体机型的硬件结构有关，故不具有通用性和可移植性。通常人们把机器语言和汇编语言分别称为第一代语言和第二代语言。当用户使用这类语言编程时，需要花费很多的时间去熟悉硬件系统。

3. 高级语言

为了进一步实现程序自动化和便于程序交流，使不熟悉计算机的人也能方便地使用计算机，人们又创造了高级语言，它是与计算机结构无关的程序设计语言。由于高级语言利用了一些数学符号及有关规则，比较接近数学语言，所以又称为算法语言，如Java、C#等。

高级语言是20世纪50年代中期发展起来的。高级语言中的语句一般都采用自然语言，并且使用与自然语言语法相近的自封闭语法体系，这使得程序更容易阅读和理解。与低级语言相比，高级语言的最显著特点是程序语句面向问题而不是面向机器，即独立于具体的机器系统，因而使得对问题及其求解的表述比汇编语言容易得多，并大大简化了程序的编制和调试，使得程序的通用性、可移植性和编制程序的效率得以大幅度提高，从而使不熟悉具体机型情况的人也能方便地使用计算机。并且，高级语言的语句功能强，一条语句往往相当于多条指令。因此，在现代计算机中一般已不再直接用机器语言或汇编语言来编写程序。

那么计算机如何理解我们的“高级语言”呢？这就需要提供一个专门负责转换的编译程序，专门告诉计算机我们的命令对应着什么样的1/0字符串。可想而知，“高级语言”比“低级语言”更容易理解，更容易学习；但是显然，它在执行效率上要比“低级语言”低一些。

1.2 Java平台

1.2.1 Java语言特性

Java技术最初是由Sun Microsystems公司开发的。Java Community Process(JCP，一个由全球Java开发人员和获得许可的人员组成的开放性组织)对Java技术规范、参考实现和技术兼容性包进行开发和修订。2006年8月，Sun Microsystems宣布逐步开放Java平台的源码。

Java技术既是一种高级的面向对象的编程语言，也是一个平台。Java技术基于Java虚拟机(Java Virtual Machine，JVM)的概念，这是语言与底层软件和硬件之间的一种转换器(“翻译官”)。Java语言的所有实现都必须依赖于JVM，从而使Java程序可以在有JVM的任何系统上运行。

Java编程语言(Java Programming Language)和其他编程语言的不同之处在于：Java程序既是编译型的(compiled)(转换为一种称为Java字节码的中间语言)，又是解释型的(interpreted)(JVM对字节码进行解析和运行)。编译只进行一次，而解释在每次运行程序时都会进行。

Java语言有如下特点：

- 平台无关
- 简单
- 面向对象
- 可移植性
- 健壮性

- 安全性
- 多线程

Java 应用程序可以跨硬件平台和操作系统进行移植，这是因为每个平台上安装的 JVM 都可以理解同样的字节码。

Java是编程语言进入Internet时代的里程碑。Java的设计初衷就是用来创建可以在Internet上随处运行的应用程序，其“一次编写、随处运行”的理念定义了一种新的编程规范。

1.2.2　Java 平台版本

Java 平台有三个版本，这使软件开发人员、服务提供商和设备生产商可以针对特定的市场进行开发。

(1) Java SE(Java Platform，Standard Edition)。Java SE 以前称为 J2SE。在 J2SE 1.4 后开发出来 J2SE 1.5(Tiger 版)，Sun 公司为了表明自己的这个版本发生了翻天覆地的变化，干脆就直接叫做 Java SE 5.0 了，这也是本书所采用的版本。它允许开发和部署在桌面、服务器、嵌入式环境和实时环境中使用的 Java 应用程序(application)和小应用程序(applet)。Java SE 包含了支持 Java Web 服务开发的类，并为 Java EE 提供了基础。

(2) Java EE(Java Platform，Enterprise Edition)。这个版本以前称为 J2EE。企业版本帮助开发和部署可移植、健壮、可伸缩且安全的服务器端 Java 应用程序。Java EE 是在 Java SE 的基础上构建的，它提供 Web 服务、组件模型、管理和通信 API，可用来实现企业级的面向服务体系结构(Service-Oriented Architecture，SOA)和 Web 2.0 应用程序。

(3) Java ME(Java Platform，Micro Edition)。这个版本以前称为 J2ME。Java ME 为在移动设备和嵌入式设备(如手机、PDA、电视机顶盒和打印机)上运行的应用程序提供了一个健壮且灵活的环境。Java ME 包括灵活的用户界面、健壮的安全模型、许多内置的网络协议以及对可以动态下载的联网和离线应用程序的丰富支持。Java ME 规范的应用程序只需要编写一次，就可以用于许多设备，而且可利用每个设备的本机功能。

它们的开发过程如图 1-2 所示。

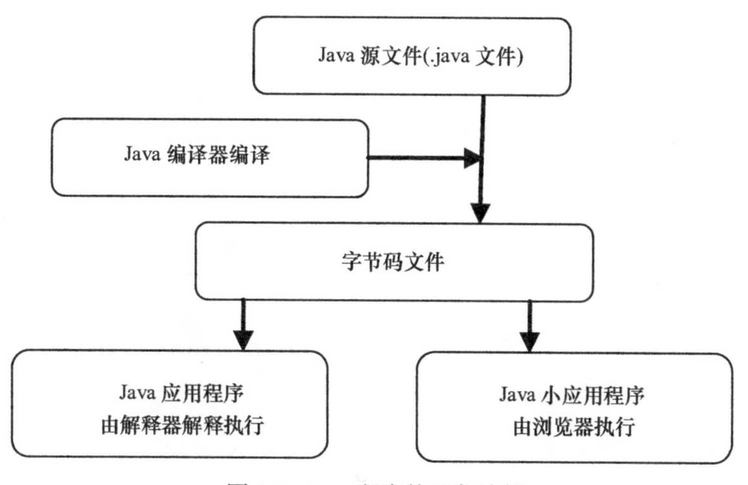

图 1-2　Java 程序的开发过程

1.2.3 Java 语言现状和前景

Java 是目前世界上应用最广泛的一门编程语言，目前全球有着数十亿设备正在运行着 Java，很多服务器程序都是用 Java 编写的，可以说 Java 是服务器端的王者。

目前一些知名大型应用(如王者荣耀、绝地求生、英雄联盟、荒野行动、淘宝、京东、苏宁、亚马逊、百度外卖、12306)的服务器端都在使用 Java。Java 应用所涵盖的范围十分广阔，涉及企业级软件开发，以及移动端安卓开发、大数据、云计算等领域。可以说 Java 就是编程界的“英语”。

TIOBE 排行榜显示，到目前为止，Java 编程语言年度热度排名依旧稳居第一位，如图 1-3 所示。而 Java 开发人员随着工作经历的增长和技能的提升，薪资也在稳步上升，如图 1-4 所示。而随着互联网的不断发展，企业的需求增长以及对技术能力要求的提高，一名优秀的 Java 开发人员是十分受欢迎的。由此可见 Java 语言的现状是十分火热，前景也十分开阔，学好 Java 语言对我们是很有帮助的。

编程语言	2018年	2013年	2008年	2003年	1998年	1993年	1988年
Java	1	2	1	1	17	-	-
C	2	1	2	2	1	1	1
C++	3	4	3	3	2	2	5
Python	4	7	6	12	24	16	-
C#	5	5	7	9	-	-	-
Visual Basic .NET	6	13	-	-	-	-	-
JavaScript	7	10	8	7	21	-	-
PHP	8	6	4	5	-	-	-
Ruby	9	9	9	19	-	-	-
Perl	10	8	5	4	3	10	-
Objective-C	18	3	45	48	-	-	-
Ada	30	16	17	14	7	7	2
Lisp	31	12	15	13	6	4	3
Pascal	140	14	19	97	11	3	13

图 1-3 编程语言年度热度排名

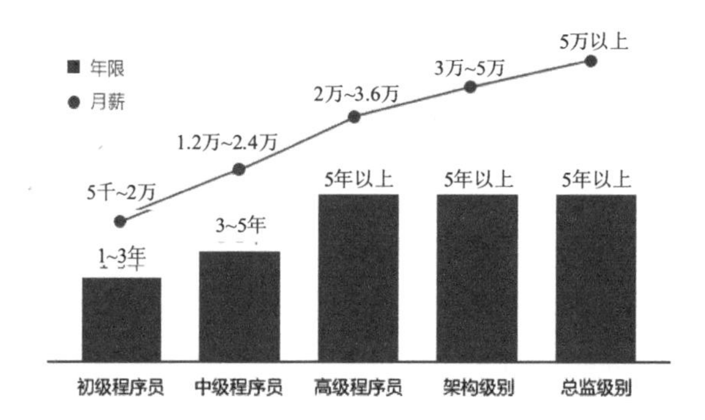

图 1-4 Java 程序员薪资平均状况

1.3　JDK 安装和 DOS 命令使用

1.3.1　JDK 和 JRE 概述

JDK 是 Java Development Kit(Java 开发工具包)的简写，是 Sun 公司提供的一套开发环境。JDK 是整个 Java 开发的核心，它包含 Java 的运行环境(JRE)和 Java 开发工具(编译工具 java.exe 和打包工具 jar.exe 等)。

随着设计体验的提升和开发工具的完善，目前 JDK 版本也从 1995 年 Java 诞生初始的 1.0 版本，升级到现在的 JDK10 版本。由于 JDK9 和 JDK10 两个版本还比较新，存在一些未知的 bug，还需要时间和市场的持续考验和后续的完善。因此企业目前最常用的还是 JDK7 和 JDK8，所以本教材采用 JDK8 版本进行讲解。

JRE 是 Java Runtime Environment(Java 运行环境)的简写，也是 Sun 公司提供的产品。JRE 主要包含 JVM 标准实现及 Java 核心类库。Java 程序的“一次编译，到处运行”也是因为 Java 运行环境的存在而得以实现。而 JDK 开发工具中包含 JRE，因此开发人员只需要在计算机上安装 JDK 即可，而非开发人员仅需要安装 JRE 就可以运行 Java 应用。

1.3.2　JDK 安装

JDK8 可从 Oracle 官网或者百度搜索进行下载，下载时需要注意与自己的系统对应，从官网下载需要接受许可协议。本书以 Window 7 的 64 位系统为例，下载“jdk-8u161-windows-x64.exe”版本进行安装演示。

官方下载地址为http://www.oracle.com/technetwork/java/javase/downloads/index.html。

1. 安装 JDK

双击下载好的安装包“jdk-8u161-windows-x64.exe”，进入安装界面，如图 1-5 所示。

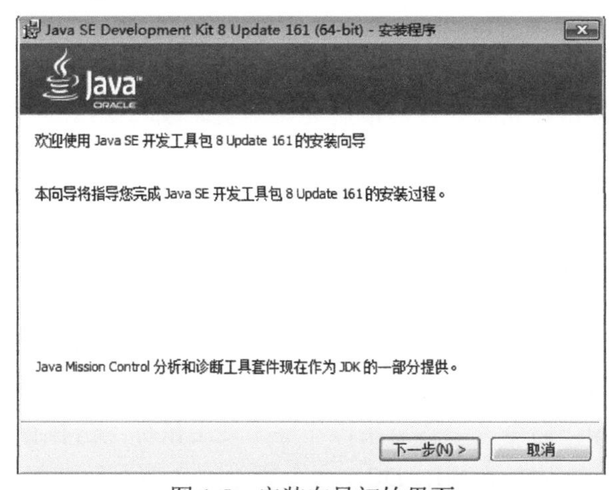

图 1-5　安装向导初始界面

2. 自定义安装功能和路径

点击“下一步”，会进入可选功能列表界面，其中开发工具和源代码保留不变，公共JRE 可以点击选择×，因为 JDK 开发工具中已经包含 JRE，如图 1-6 所示。

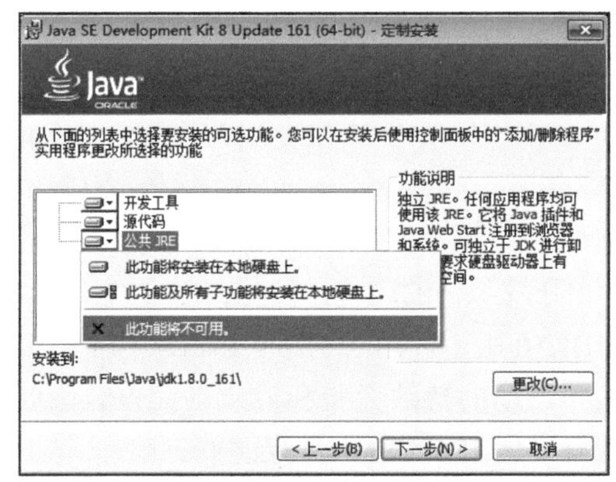

图 1-6　自定义功能列表

点击右下角的“更改”按钮，可以选择安装目录，选择好后，点击“确定”按钮，如图 1-7 所示。

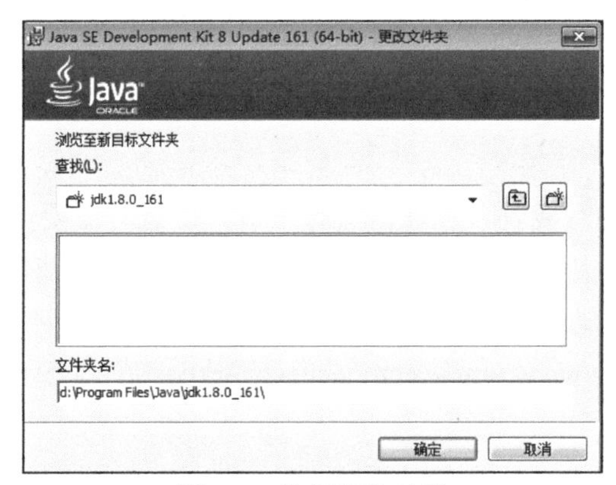

图 1-7　选择安装目录

3. 完成安装

点击“下一步”按钮，完成安装，最后会显示安装成功窗口。

1.3.3　常用 DOS 命令

在上面小节中，成功安装了 JDK。为了更好地理解 Java 程序需要依靠这些开发工具包中的命令来执行，这里先了解一下常用的 DOS 命令，以助于我们下面小节的学习。

DOS 是英文 Disk Operating System 的缩写，意思是“磁盘操作系统”，DOS 命令是直接面向计算机磁盘的操作命令，一些常用操作除了使用鼠标点击执行外，我们完全可以直接利用 DOS 命令来完成(比如，使用 DOS 命令删除的文件不会进入回收站)，执行效率相对可视化界面会更高。

1. 打开命令行窗口

打开命令行窗口界面有三种方式，这里只讲最常用的一种。

按住键盘上的 Win+R 组合键，在运行窗口中输入 cmd 命令，按下回车键即可打开命令行窗口界面，如图 1-8 所示。

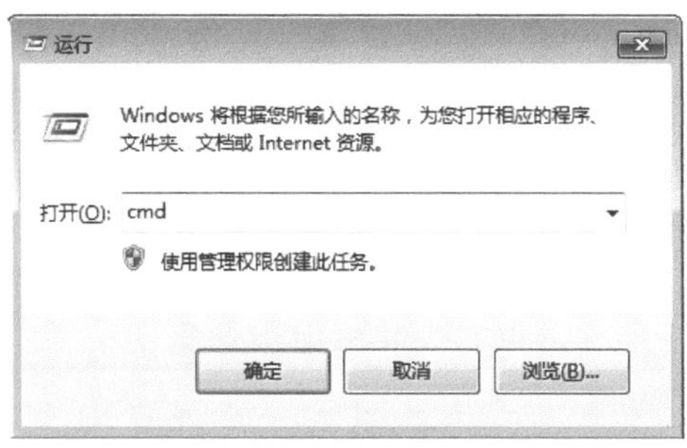

图 1-8　打开命令行窗口界面

2. 学习常用命令

DOS 命令比较多，它是不区分大小写的，我们可以通过输入 help 来查看每个命令的介绍，如图 1-9 所示。

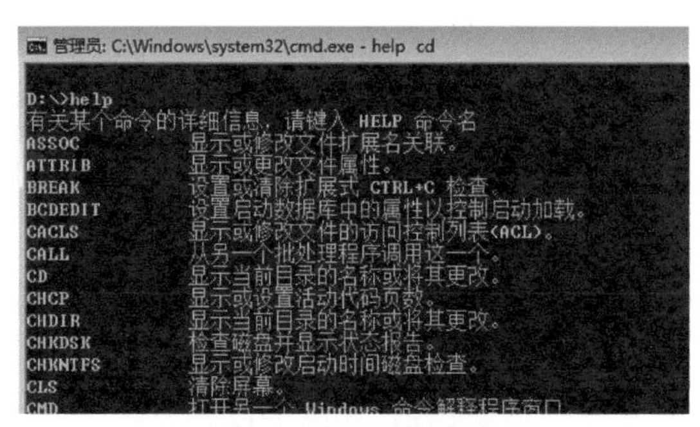

图 1-9　help 帮助命令

要了解某个命令的详细信息，可输入 help 和命令名，如我们需要学习 cd 命令，则可以输入 help cd，如图 1-10 所示。

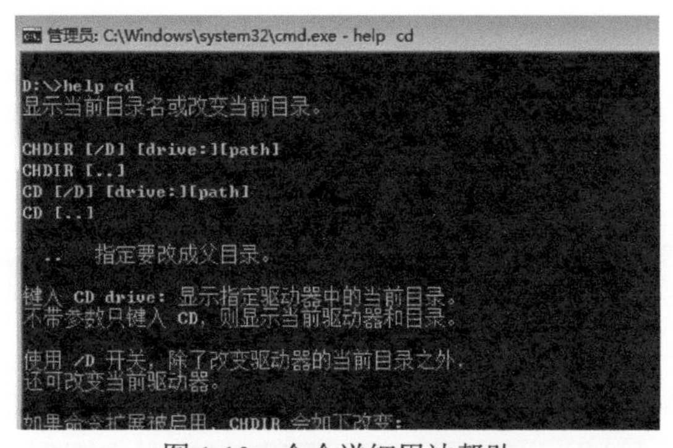

图 1-10　命令详细用法帮助

盘符的切换可以直接输入相应的盘符+“:”，如从C盘切换到D盘则直接输入c:便可，如图1-11所示。

图1-11　盘符切换

其次我们可以通过Tab键来自动补全路径和文件名，以及使用键盘↑键来显示最近输入的命令。下面我们学习几个常用的命令，如表1-1所示。

表1-1　常用DOS命令

命令	功能	说明
dir	显示指定路径下磁盘目录	dir[盘符:][路径][文件名][参数]
cd	进入指定目录	cd只能进入当前盘符下目录，cd..返回上级目录
md	创建目录	可通过\创建多级目录：md一级目录\二级目录
rd	删除子目录	只能删除当前路径下的空目录
copy	拷贝文件	copy[源目录或文件][目的目录或文件]
del	删除文件	只能删除指定目录下的文件
cls	清空屏幕	清空命令窗口的内容
exit	退出命令窗口	关闭命令窗口

1.3.4　用记事本编写第一个Java程序

在初次安装JDK后，在其安装路径的bin目录下(本例bin目录为“D:\Program Files\Java\jdk1.8.0_161\bin”)新建一个文本文档，命名为HelloWorld，修改扩展名为.java，点击时，文本文件便转化为一个java文件，如图1-12所示。

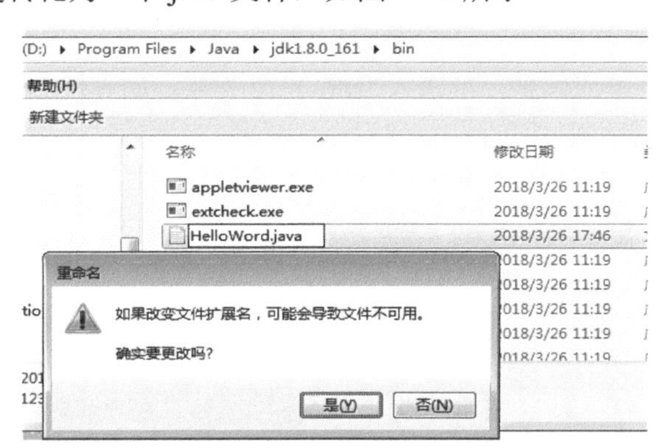

图1-12　新建java文件

创建成功后用记事本打开编辑，输入图1-13中的代码。如果要配置Java环境变量，具体配置方法见附录B“设置环境变量”，则不用在bin目录下创建java文件，可以在任意位置编写 Java 程序。

```
1 public class HelloWorld {
2 public static void main(String[] args) {
3     System.out.println("这是我的第一个java程序！");
4 }
5 }
```

图 1-13　HelloWorld.java 源码

1.3.5　DOS 命令编译运行 Java 程序

打开 DOS 命令行窗口，切换到本例中的 D 盘，通过 cd "Program Files\Java\jdk1.8.0_161\bin"命令进入 JDK 的 bin 目录下，或者直接在 JDK 安装目录的 bin 目录下，按住 Shift 键后，右击并选择“在此处打开命令窗口”，如图 1-14 所示。

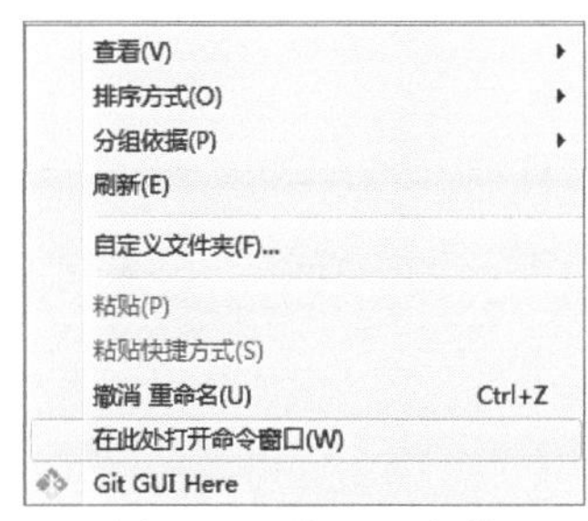

图 1-14　编译源文件

1. 编译 Java 源文件

使用 bin 目录下的 javac 命令来编译 HelloWorld.java 源文件，如图 1-15 所示。

```
管理员: C:\Windows\system32\cmd.exe
Microsoft Windows [版本 6.1.7601]
版权所有 (c) 2009 Microsoft Corporation。保留所有权利。

C:\Users\Administrator>d:

D:\>cd "Program Files\Java\jdk1.8.0_161\bin"

D:\Program Files\Java\jdk1.8.0_161\bin>javac HelloWorld.java

D:\Program Files\Java\jdk1.8.0_161\bin>
```

图 1-15　编译源文件

2. 运行 Java 程序

编译成功后，会在 bin 下看到生成了一个 HelloWorld.class 文件，通过 java 命令可以运行程序，得到运行后的结果，如图 1-16 所示。

```
管理员: C:\Windows\system32\cmd.exe

D:\Program Files\Java\jdk1.8.0_161\bin>java HelloWorld
这是我的第一个java程序!

D:\Program Files\Java\jdk1.8.0_161\bin>
```

图 1-16　运行程序

1.4 Java 集成开发环境

“工欲善其事，必先利其器”，各种工具在程序开发中的地位都显得很重要。在现在的软件开发过程中，编码所占的比重越来越少，之所以会出现这种情况：一是经过多年的积累，可复用的资源越来越多；二是开发工具的功能、易用等方面发展很快，编码速度产生了飞跃。

Java 的开发工具可以分成文本编辑器、Web 开发工具和集成开发工具三大类。

1. 用文本编辑器

文本编辑器工具只提供了文本编辑功能，它只是一种类似记事本的工具。这类工具可以进行多种编程语言的开发，如 C、C++、Java 等。在这个大类中，主要有 UltraEdit 和 Notepad++等。

2. Web 开发工具

Web 开发工具提供了 Web 页面的编辑功能，具体到 Java 主要就是 JSP 页面的开发，如 Hbuilder 和 Sublime 等。

3. 集成开发工具

集成开发工具提供了 Java 的集成开发环境，为那些需要集成 Java 与 Java EE 的开发者、开发团队提供对 Web Application、Servlet、JSP、EJB、数据访问和企业应用的强大支持。它把程序设计全过程所需的各项功能有机地结合起来，统一在一个图形化操作界面下，为程序设计人员提供尽可能高效、便利的服务。例如，程序设计过程中为了排除语法错误，需要反复进行编译—查错—修改—再编译的循环，集成开发环境就使各步骤之间能够方便快捷地切换，输入源程序后用简单的菜单命令或快捷键启动编译，出现错误后又能立即转到对源程序的修改，甚至直接把光标定位到出错的位置上。它的出现，简化了程序员在开发各阶段的工作，极大地提高了效率。现在的很多工具都属于这种类型，也是 Java 开发工具的发展趋势。在该大类中，主要有 Jbuilder、NetBeans、Jdeveloper、WebSphere Studio、IntelliJ IDEA、Eclipse 等，而企业中目前使用最广泛的还是 Eclipse，其次是 IntelliJ IDEA。

4. Eclipse 概述和启动

Eclipse 是一个非常优秀的集成开发环境，这个在 IBM 支持下的开放源码项目经过一段时期的发展完善，目前已经为广大 Java 开发者所熟悉。Eclipse 的出现，为 Java 开发者提供了免费使用强大的 Java IDE 的机会，通过集成大量的 plugin，Eclipse 的功能可以不断扩展，以支持各种不同的应用。用户可以到 https://www.eclipse.org/downloads/去下载最新的 Eclipse。

下面基于 Eclipse 4.7.3 (Oxygen.3)版本，初步认识它的开发界面。后面如无特别说明，本书中出现的 Eclipse，均指 Eclipse 4.7.3 (Oxygen.3)版本。

打开 Eclipse，启动界面如图 1-17 所示，在第一次运行时，Eclipse 会要求选择工作空间(Workspace)，用于存储工作内容(这里选择 F:\svse 目录作为工作空间)，也就是说程序将会存放在这个目录里，如图 1-18 所示。

图 1-17　启动界面

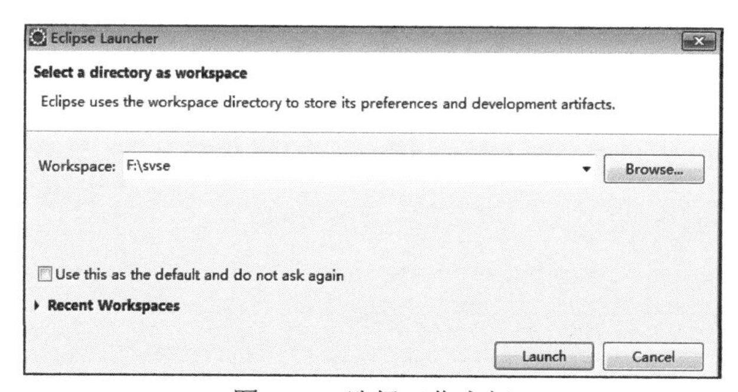

图 1-18　选择工作空间

选择好工作空间后，单击 Launch 按钮，启动 Eclipse，出现欢迎页面，如图 1-19 所示。

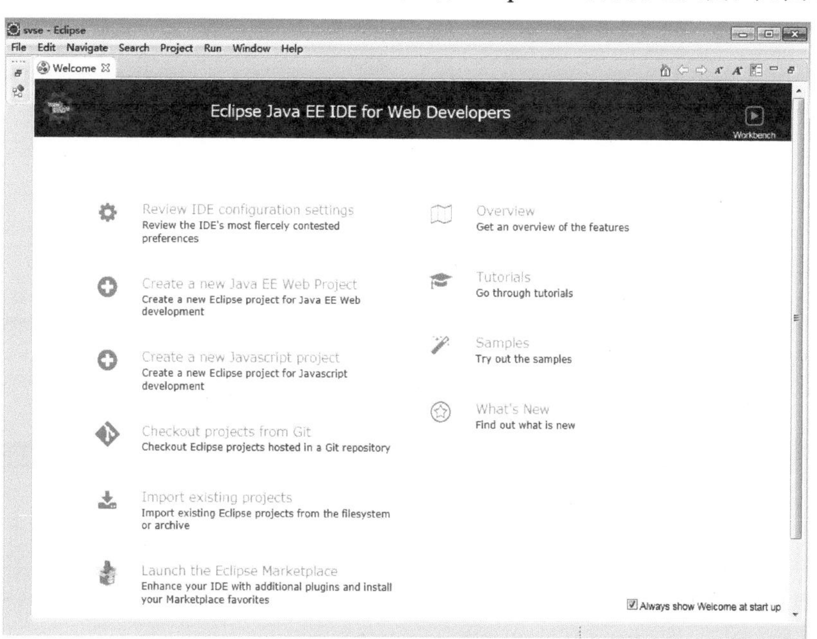

图 1-19　启动画面

单击欢迎页面的各个按钮，可以打开关于 Eclipse 的概述、示例教程等文档。

单击 Welcome 标签旁边的叉号(×)，关闭欢迎页面，目前界面视图是 JavaEE 视图。Eclipse 有各种不同的透视图，用户可根据创建的项目类型的不同，切换到不同的透视图进行工作。这里单击，选择 Java 透视图，如图 1-20 所示。

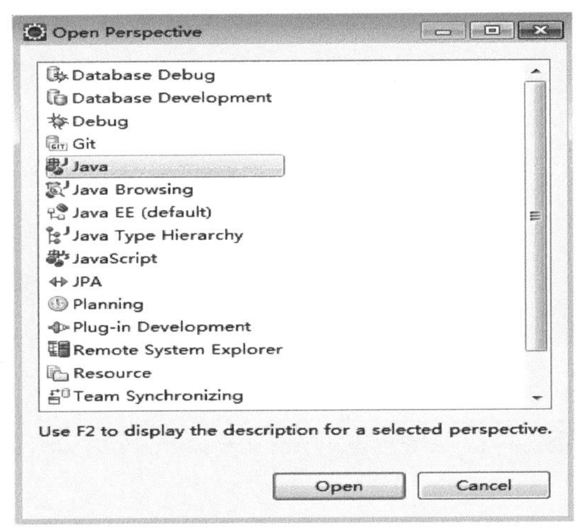

图 1-20　切换至 Java 透视图

各部分功能如图 1-21 所示。

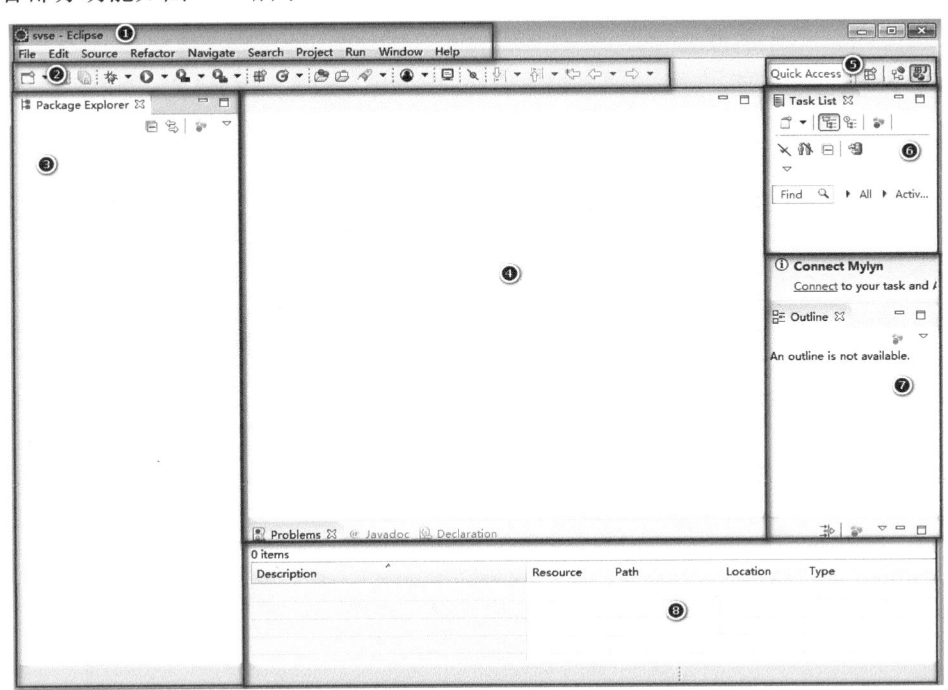

图 1-21　Java 透视图各部分功能

① 菜单栏(Menu Bar)，集合各种工具、功能。

② 工具栏(Tool Bar)，提供常用工具的快捷方式。

③ Package Explorer 视图，提供资源文件浏览。

④ Editor 视图，提供文件的编辑区域。

⑤ 快捷方式工具栏(Shortcut Toolbar)，提供透视图的快速切换。

⑥ Task List 视图，任务列表。

⑦ Outline 视图，概要浏览。

⑧ Tasks 视图和 Console 视图。

可以看到界面上各个区域空空如也。没关系，接下来就体验一下如何使用 Eclipse 创建一个基本的 Java 程序。

5. Eclipse 基本设置

① 字符集设置：项目中大多使用 UTF-8 编码格式，防止出现乱码，可以通过 Windows→Preferences→General→Workspace→Text file encoding→Other，修改成 UTF-8，如图 1-22 所示。

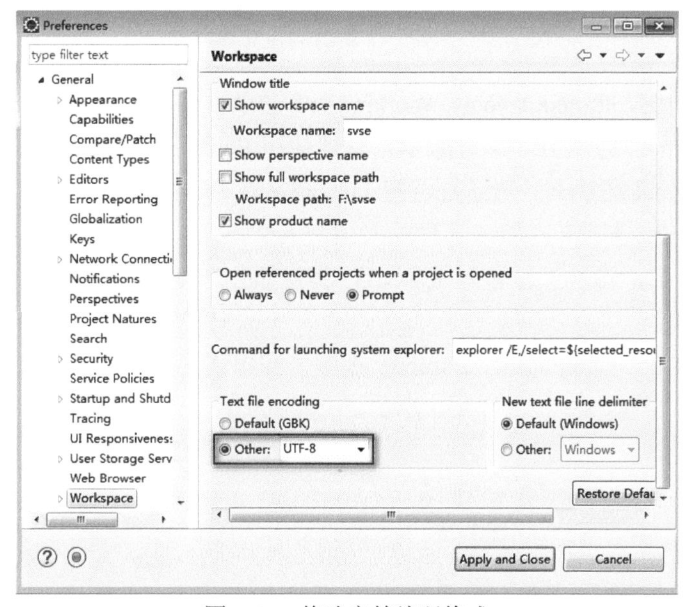

图 1-22　修改字符编码格式

② 设置字体及大小：然后依次点击 Windows→Preferences→General→Appearance→Colors and Fonts→Java→Java Editor Text Font，然后点击右侧的 Edit，对字体大小进行编辑，如图 1-23 所示。同理，选择 Debug→Console font，可以修改控制台输出的字体格式。

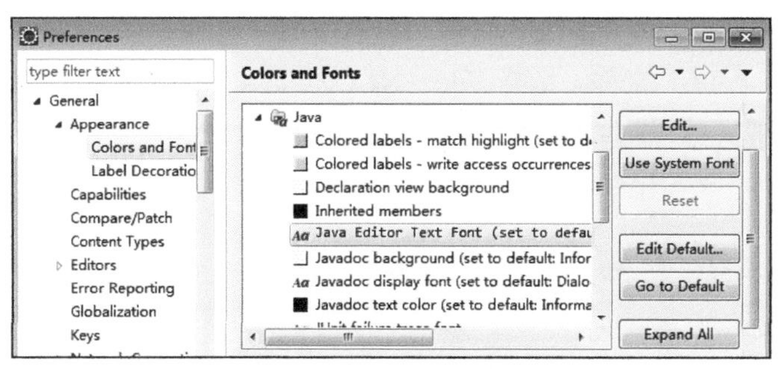

图 1-23　字体样式设置

1.5 用 Eclipse 开发第一个 Java 程序

1.5.1 创建工程

选择 File→New→Java Project 命令，来创建一个 Java 工程，如图 1-24 所示。

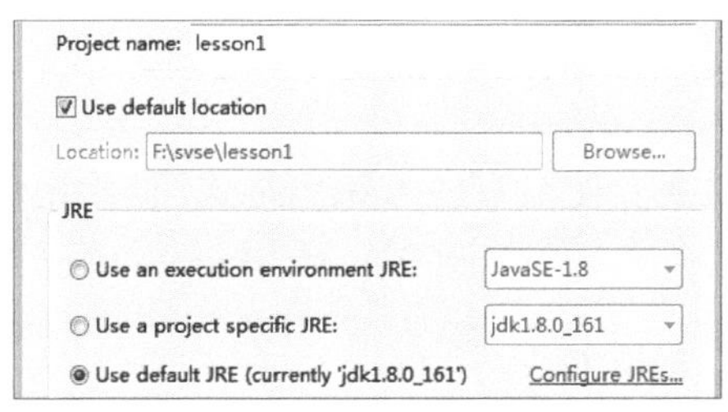

图 1-24　创建一个新的 Java 工程(局部)

此时要注意 JRE、Project layout、Working sets 选项卡的含义及配置。

- JRE 选项卡：选择 JRE 运行版本，默认使用 Eclipse 内置的 JRE。
- Project layout 选项卡：选择是否把 Java 源文件和字节码文件分开放置。
- Working sets 选项卡：把该工程放入某个工作集，工作集是工程的分类。

如图 1-24 所示，输入工程名为 lesson1，其他部分选项暂不做修改，然后单击 Finish 按钮。

可以看到图 1-25 左侧 Package Explorer 视图内部出现了我们创建的工程。

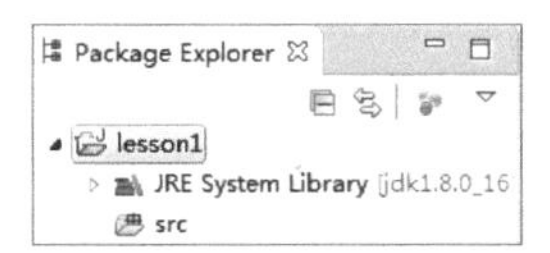

图 1-25　Package Explorer 视图

其中根节点 lesson1 为工程名，其下 src 文件夹为工程内部的源文件夹。当然，还没有创建任何 Java 文件，所以目前来说，src 目录为空。JRE System Library 是要开发和运行 Java 程序所需的一些资源文件。

1.5.2 创建 Java 源文件

下面来创建一个 Java 文件。选择 File→New→Class 命令，新建一个 Java 源文件，我们称之为一个“类”，如图 1-26 所示。

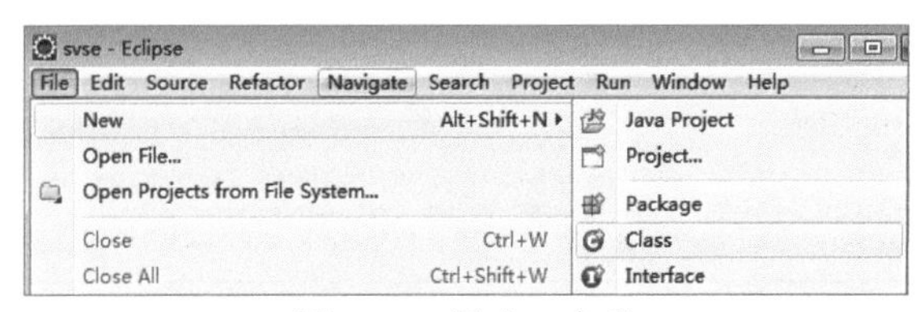

图 1-26　新建一个类

在接下来的配置对话框中，输入类名，如 Hello，其他选择不做改动。单击 Finish 按钮，如图 1-27 所示。

图 1-27　创建类

可以发现，图 1-25 所示的 src 目录下，已经多了一个 Hello.java 文件。并且，Eclipse 中间的源代码部分也已经变成编辑状态，如图 1-28 所示。

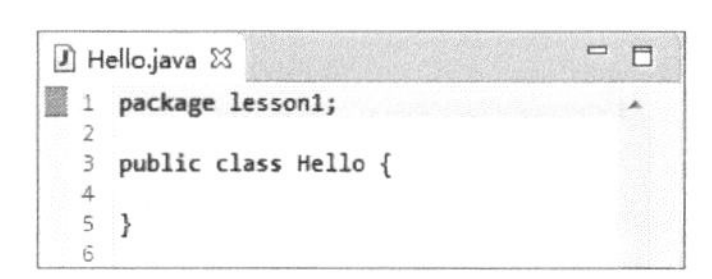

图 1-28　源代码编辑视图

1.5.3　编写代码

修改图 1-28 所示代码如下，注意大小写。另外有趣的是，在输入代码时，Eclipse 编辑器能自动完成一些操作，如语法检查和代码自动完成等，如图 1-29 所示。

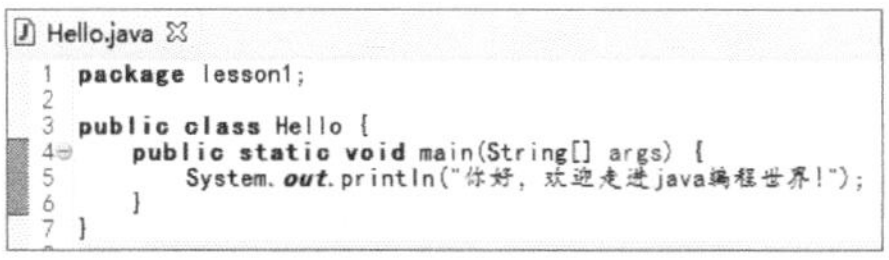

```
Hello.java
1 package lesson1;
2
3 public class Hello {
4     public static void main(String[] args) {
5         System.out.println("你好，欢迎走进java编程世界!");
6     }
7 }
```

图 1-29　第一个 Java 程序

至此，代码编辑完成，按 Ctrl+S 组合键保存后，就可以运行这段代码了。

1.5.4 编译运行

单击工具栏上的▶，选择 Run as→Java Application 命令，运行这个 Java 程序。控制台(Console)输出结果如图 1-30 所示。

图 1-30 控制台输出结果

同学们一定都明白了，对于 System.out.println("……")这个句子，它的功能肯定是负责将内容输出到控制台上。在引号内输入的任何字符串在运行时会原样输出到控制台上。大家可以自行验证。

另外，还可以用加号把多个字符结合在一起输出，如以下语句输出“你好!!!”。

```
System.out.println("你"+"  "+"好"+"!!!");
```

可能有些同学已经想到了一个问题：在图 1-2 中，我们已经明确知道，要开发一个 Java 应用程序，需要以下三个步骤：

(1) 编写 Java 源文件(*java)。

(2) 对 Java 源文件进行编译，得到与平台无关的二进制字节码文件(*class)。

(3) 执行二进制字节码文件，得到结果。

它的执行过程如图 1-31 所示。

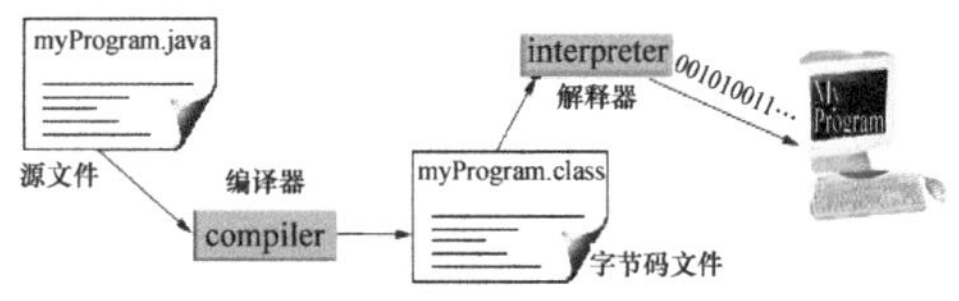

图 1-31 Java 程序开发—执行过程示意图

对于我们来说，只执行了第(1)步和第(3)步，那么第(2)步呢？我们从来都没有把这个 Hello.java 文件编译为字节码文件。为什么程序能够执行呢？

其实很简单，Java 程序要执行，一定是执行 class 文件，既然没有编译，就一定是 Eclipse 自动帮我们编译了。事实就是这样，在我们保存 Java 类时(按 Ctrl+S 键)，Eclipse 会自动编译 Java 程序。大家可以在保存文件后，去工作空间目录看看有没有生成的字节码文件，如图 1-32 所示。

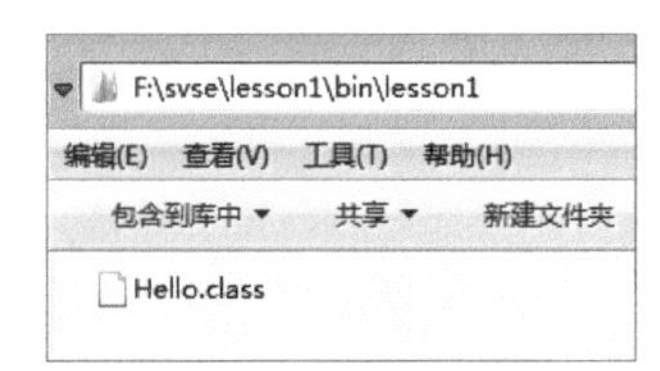

图 1-32 编译后的 class 文件自动放入 bin 目录下的文件夹中

编译生成的 class 文件会自动保存在工程下面的 bin 目录下的文件夹中，所以才不需要编译而直接运行了。当然，也可以通过调整工程属性将 class 文件保存到其他目录。

1.5.5　给 Java 应用打包

Java 拥有许多开源的类库，在企业中公司也会根据自己的需求去定制应用类。Java 的 JRE 中包含一些常用的类库，如图 1-33 所示。文件后缀名是 jar，是 Java Archive File 的简称，意思是 Java 归档文件。JDK 中就提供了 jar 命令，可将我们编写好的类打包成 jar 文件，jar 文件需要使用解压缩软件打开。下面就将刚编写的第一个 Java 程序进行打包。

图 1-33　JRE 中自带类库

打包流程：鼠标点击 lesson1 项目，右击后选择 Export，然后选择 Java→Runnable JAR file，如图 1-34 所示。

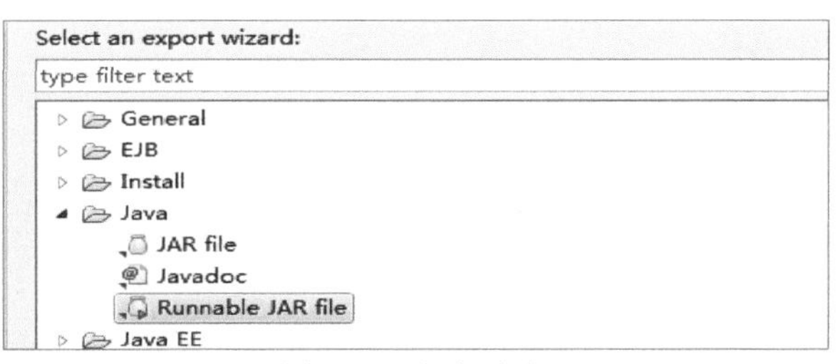

图 1-34　打包流程

点击 Next，在 Launch configuration 的下拉列表中选择程序启动时运行的主类(即项目中带有 main 方法的类)。

单击 Export destination 下面的 Browse 按钮选择文件的存放路径，并输入文件名。

其余选项保持默认不变，如图 1-35 所示。最后点击 Finish 按钮完成。就可以看到在存放路径下生成了一个 jar 文件。在以后进一步的学习中，可以自行编写常用工具类，然后打成 jar 包直接进行引用，以提高开发效率。

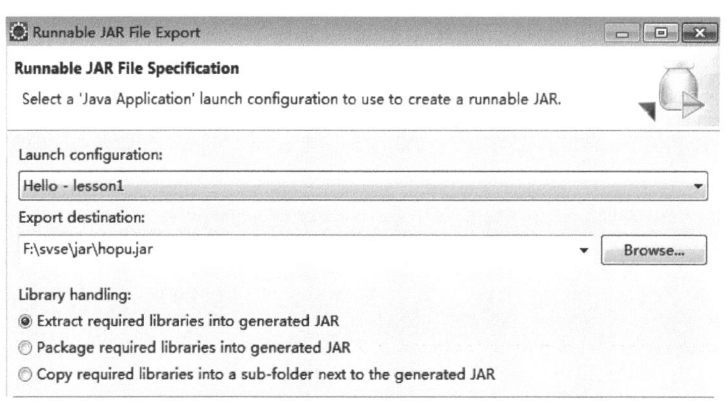

图 1-35　jar 包基本配置

我们可以使用 Java 中的 jar 命令来运行 jar 文件，打开命令行窗口，进入图 1-35 中 jar 包目录，输入 java –jar hopu.jar 便可看到运行结果。如图 1-36 所示。

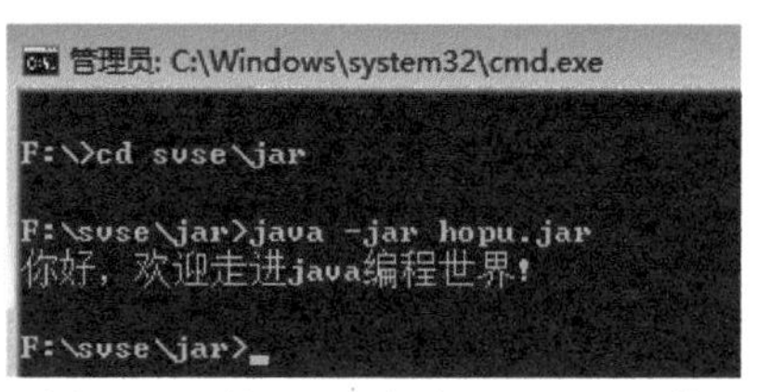

图 1-36　使用 jar 命令运行 jar 文件

1.6　Java 程序结构组成

在图 1-37 中，可以看到一个 Java 程序通常由包、类、方法、语句、注释五个部分组成。不过在以后的进一步学习中，我们会发现有些 Java 程序只有类，甚至类都没有。下面我们分别学习了解这几部分。

```
Hello.java
1  package lesson1; //包
2
3  public class Hello { // 类
4
5      public static void main(String[] args) { // 方法
6
7          System.out.println("Hello,world!"); // 语句
8
9          // 这是单行注释
10     }
11 }
12
```

图 1-37　Java 程序的基本组成

1. 包

在程序中看到的 package，它就是包的意思。它的作用是为了方便我们对编写的类进行分目录管理。可通过 File→New→Package 命令来新建一个包。同一包下存放的类都具有相同功能，包的声明只能放在程序的第一行。如果不声明包，类会处于默认包下。

2. 类

在 Java 中，程序都以类的方式组织，Java 源文件都保存在以 java 为后缀的 java 文件中。类的写法大致如下：

```
public class Hello{}
public class Student{}
```

class 是一个关键字，用于定义一个类，而 public 代表这个类是公有的；整个类的定义，包括所有成员都在一对大括号之间，使用{和}分别表示类定义的开始和结束。

要保证源文件名与程序类名相同，其扩展名为 java。例如上一节的例子中，类名为 Hello，那么源文件名也应该为 Hello. java，而不能是 hello. java 或 HELLO. java。

通常情况下，类名应该由字母开始，且首字母大写。

3. 方法

我们知道，每个可运行的 Java 程序都是一个字节码文件，保存在 class 文件中。该文件由 Java 文件编译而来，其内包含若干个类，作为一个 Java 应用程序，类中必须包含主要的执行方法，即把要做的事(方法)放入类中的大括号内；程序的执行是从一个叫做 main 的方法(即主方法)开始的，main 方法的方法头的格式是确定不变的：

```
public static void main(String[] args){}
```

这里也需要注意大小写的区别，Java 语言是区分大小写的。例如在上面代码中，如果把 public 修改为 Public，Eclipse 就会提示错误。

4. 语句

```
System.out.println("Hello,world! ");
```

此语句用于在控制台输出一行“Hello, world!”信息，语句是构成方法的基本单元，一个方法中可以包含多条语句，每条语句最后以;结束。

可以使用 System.out 的 println 方法向控制台中输出字符串，要输出的内容必须处于一对英文格式的引号("")之间。

5. 注释

Java 程序中可以包含注释，以便向阅读程序的人提供说明信息。注释可用来说明程序的功能、描述算法、说明方法和变量的含义以及对关键代码做出说明，在程序中加入注释是一个好的编程习惯，可以增强程序的可读性。Java 编译器将忽略注释行，不做任何处理。

Java 中的注释分为多行注释、单行注释和文档注释三种。多行注释以/*开始，以*/结束，在中间书写注释的内容，注释可以跨多行也可以只有一行。单行注释以//开始，在后面书写注释，注释内容在行末尾结束，只能占一行不能跨多行。文档注释以/**开始，以*/结束，中间写注释内容。如图 1-38 所示。

```
Hello.java
1  package lesson1;
2
3  /**
4   * 这是文档注释
5   *
6   * @author hopu
7   * @version v1.0
8   */
9  public class Hello {
10     /*
11      * 这是多行注释，可以跨多行 这是main方法，也是程序的入口
12      */
13     public static void main(String[] args) {
14         // 这是单行注释，只能跨一行
15         // System.out.println()用于输出一句话
16         System.out.println("你好，欢迎走进java编程世界!");
17     }
18 }
19
```

图 1-38　注释

运行程序，结果和图 1-30 相同。

1.7　常见问题

问题 1：文件名和类名不一致(如图 1-39 所示)

文件名为 HopefulTest.java，类名为 Hopefultest，程序报错。注意报错信息：

The public type * must be defined in its own file

注意：*代表类名。

```
Hello.java   HopefulTest.java
1  package lesson1;
2
3  public class Hopefultest {
4      public st
5          Systen
6      }
7  }
8
```

```
The public type Hopefultest must be defined in its own file
2 quick fixes available:
  Rename compilation unit to 'Hopefultest.java'
  Rename type to 'HopefulTest'
```

图 1-39　文件名和类名不一致

问题 2：输出特殊符号错误(如图 1-40 所示)

```
Hello.java   HopefulTest.java
1  package lesson1;
2
3  public class HopefulTest {
4      public static void main(String[] args) {
5          System.out.println("Hello"world");
6      }
7  }
8
```

```
Syntax error, insert ";" to complete BlockStatements
```

图 1-40　输出特殊符号错误

要输出的内容需要放在双引号内部，但要输出双引号该怎么办呢？这时需要在前面加转义符号\，如图 1-41 所示。

```
package lesson1;

public class HopefulTest {
    public static void main(String[] args) {
        System.out.println("Hello\" world");
    }
}
```

```
<terminated> HopefulTest [Java Application] D:\Program Files\Java\j
Hello" world
```

图 1-41　转义符号

问题 3：方法没有写在类的大括号内部(如图 1-42 所示)

```
package lesson1;

public class HopefulTest {
}

public static void main(String[] args) {
    System.out.println("Hello\" world");
}
```

图 1-42　方法没有写在类的大括号内部

类似的错误还有大括号不匹配，例如少了大括号或者多了大括号，以及忘了写分号。

问题 4：英文符号写成中文符号(如图 1-43 所示)

```
package lesson1;

public class HopefulTest {
    public static void main(String[] args) {
        System．out．println("Hello\" world")；
    }
}
```

图 1-43　标点符号错误

你能看出来图 1-43 中哪些标点符号写错了吗？

问题 5：程序没有 main 方法(如图 1-44 所示)

```
package lesson1;

public class HopefulTest {
    public static void hello(String[] args) {
        System.out.println("Hello  world");
    }
}
```

```
<terminated> HopefulTest [Java Application] D:\Program Files\Java\jdk1.8.0_161\bin\javaw.exe (2(
错误: 在类 lesson1.HopefulTest 中找不到 main 方法, 请将 main 方法定义为:
   public static void main(String[] args)
否则 JavaFX 应用程序类必须扩展javafx.application.Application
```

图 1-44　没有 main 方法

main 方法是程序的入口，缺少了 main，程序就不能运行，并且我们右击选择 Run as →Java Application 命令时，会发现是找不到 Java Application 命令的，这也是初学者最容易犯的一个错误。

【单元小结】

- 程序是计算机为了完成一定任务而编写的一系列计算机指令的集合。
- Java 是一种跨平台的面向对象的语言。
- Java 字节码是 Java 虚拟机的机器语言，它由 Java 源代码编译后生成。
- JDK 是开发 Java 程序的工具包。
- Java 程序的基本结构包括包、类定义、注释、语句、main 方法，类和方法要用{}括起来，方法里的每条语句要以“;”结尾。
- Eclipse 是一个 IDE，可用它简化 Java 程序开发过程。

【单元自测】

1. 以下关于 Java 虚拟机说法不正确的是(　　)。

   A. Java 虚拟机执行的是字节码

   B. 字节码会被翻译成本地机器语言

   C. 不同平台下需要安装该平台下相应的 Java 虚拟机版本

   D. 不同平台下 Java 虚拟机的规范不一样

2. 以下 Java 注释不正确的是(　　)。

   A. /*这是一//个注释*/　　　　B. /*这是一个注释*/

   C. /*这是一*/个注释*/　　　　D. //这是一个注释//

3. 给定 Java 源程序：

```
public class Demo {
public static void main() {
            System.out.println("demo");
    }
}
```

以下说法正确的是(　　)。

   A. 程序能正常编译和运行，输出结果为 demo

   B. 程序能正常编译，运行时不显示任何内容

   C. 程序能正常编译，但运行时出错

   D. 程序不能编译

4. 编译 Java 源程序文件产生的字节码文件的扩展名为(　　)。

   A. java　　B. Class　　C. Html　　D. exe

5. main 方法是 Java Application 程序执行的入口点，关于 main 方法的方法头，以下合

法的是(　　)。

A. public static void main( )

B. public static void main(String[] args)

C. public static int main(String [] arg)

D. public void main(String arg[])

【上机实战】

上机目标

- 掌握 Java 程序的一般结构
- 能够使用 Eclipse 创建、编辑和运行 Java 程序
- 了解 Java 程序中的常见错误

上机练习

练习 1：输出欢迎信息

【问题描述】

编写一个 Java 程序，在命令行输出多行欢迎信息。

【问题分析】

本练习主要是练习 Java 程序的一般结构：类的一般结构以及如何使用输出语句输出。注意类名和文件名一致及全角标点符号问题。

【参考步骤】

(1) 创建工程 lesson1_lab。

选择 File→New→Java Project 命令，创建普通的 Java 工程，在 Project Name 文本框内输入 lesson1_lab，单击“下一步”按钮。

(2) 创建工程——设置工程属性。理解并设置创建工程界面中的 Source、Projects、Libraries 等选项卡。

(3) 创建源代码 Java 文件。在工程的 src 目录下，创建 Hello 类。选择 Modifiers 为 public。

(4) 编写代码，如图 1-45 所示。

```
Hello.java
3  public class Hello {
4      public static void main(String[] args) {
5          System.out.println("Hello world!");
6          System.out.println("Welcome to Hopeful!");
7          System.out.println("My " + "name " + "is " + "小浪!");
8      }
9  }
10
```

图 1-45　编写代码

(5) 运行 Java 程序，如图 1-46 所示。

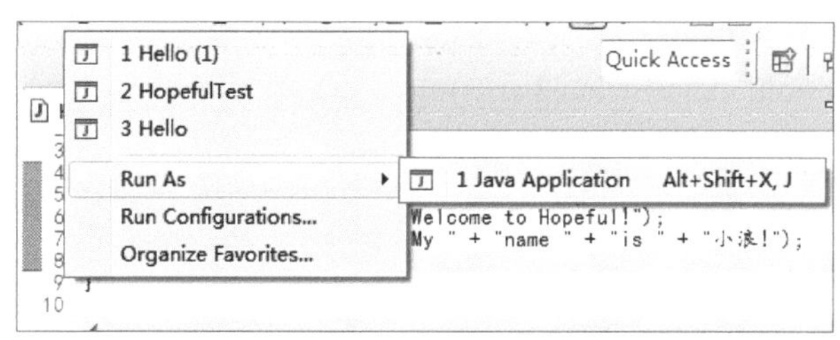

图 1-46 运行 Java 程序

(6) 程序运行结果如图 1-47 所示。

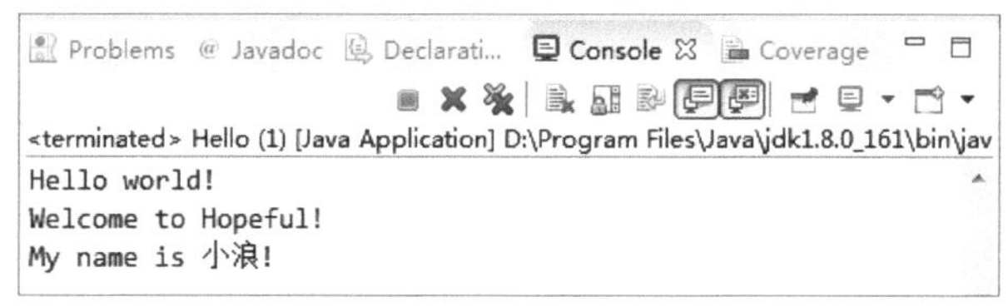

图 1-47 程序运行结果

我们可以看到，程序运行结果中，三句话对应三行，也就是说，每输出一句话就自动换了一行，那么，能否不让它们自动换行呢？大家可以把 println 改为 print 试一试。并理解这两个输出功能之间的差别。

练习 2：熟悉 Eclipse 常用功能

【问题描述】

Eclipse 这个功能完整且成熟的开发环境，是由蓝色巨人 IBM 所发布。IBM 花了 4000 万美元来开发这个 IDE。第一版 1.0 在 2001 年 11 月发布，随后逐渐受到欢迎。

Eclipse 已经成为开放源代码计划(Open Source Project)，大部分开发仍然掌握在 IBM 手中，但是有一部分由 eclipse.org 软件联盟主导。

Eclipse 项目由 Project Management Committee(PMC)所管理。Eclipse 项目分成三个子项目：

- 平台——Platform
- Java 开发工具箱——Java Development Toolkit(JDT)
- 外挂开发环境——Plug-in Development Environment(PDE)

这些子项目又细分成更多子项目。例如，Platform子项目包含数个组件，如 Compare、Help 与 Search。JDT 子项目包括三个组件：User Interface(UI)、核心(Core)和除错(Debug)。PDE 子项目包含两个组件：UI 与 Core。

Eclipse 平台由数种组件组成：平台核心(platform kernel)、工作台(workbench)、工作区(workspace)、团队组件(team component)以及说明组件(help)。

【参考步骤】

(1) 查看工作台。

查看图 1-48 所示的①～④区域。

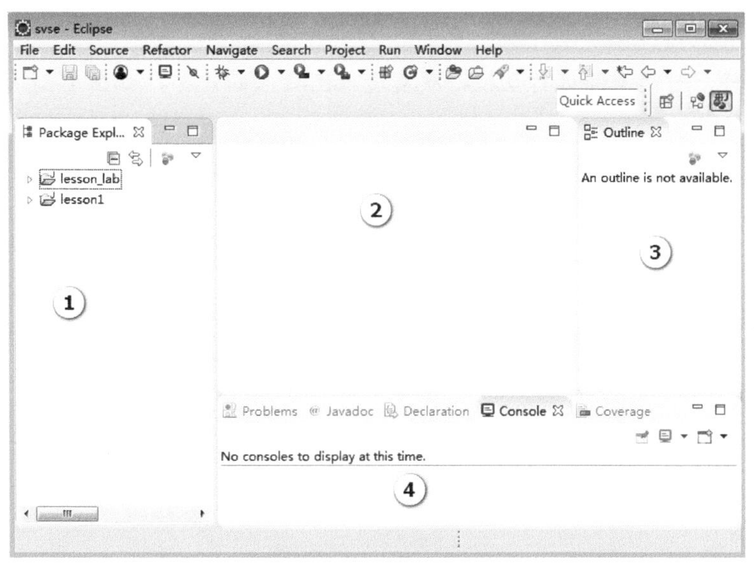

图 1-48 查看工作台

通过新建工程，建立 Java 文件及运行，来查看这 4 个视图区域分别有什么用途。

(2) 移动视图。

拖曳各个视图，尝试把它们放在不同的位置，拖动的时候，如果要恢复默认视图布局，可选择 Window→Perspective→Reset Perspective→Yes，如图 1-49 所示。

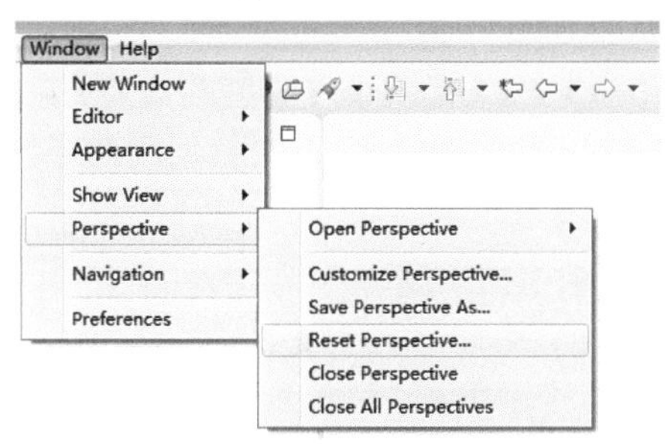

图 1-49 恢复默认视图布局

(3) 最大化视图。

双击视图标签，切换视图为最大化状态和正常状态，如图 1-50 所示。

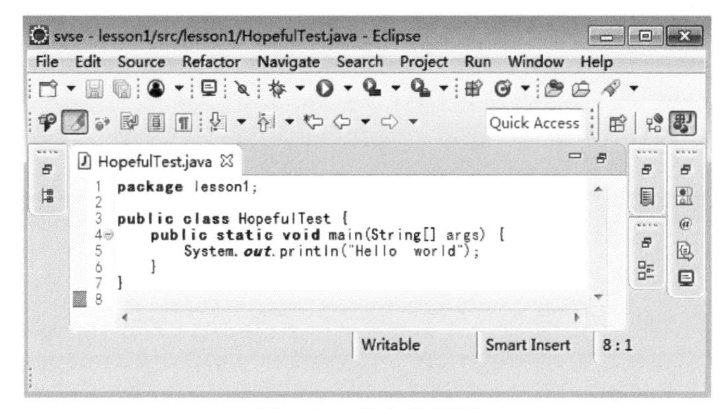

图 1-50 最大化视图

(4) 切换透视图。

单击图标，对透视图进行切换，观看透视图之间的差异，如图 1-51 所示。

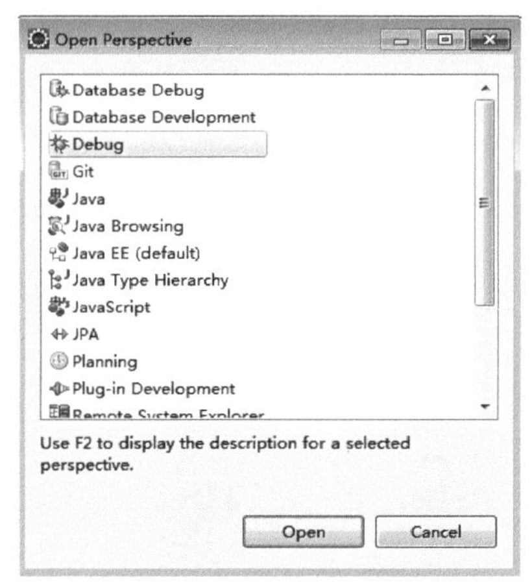

图 1-51　切换透视图

【拓展作业】

1. 简述指令的含义。
2. 简述 JDK 的含义。JDK 的作用有哪些?
3. 开发与运行 Java 程序需要经过哪些主要步骤和过程?
4. 写一个程序，分两行输出自己的姓名和年龄(使用两条输出语句，分别输出姓名和年龄)。
5. 编写程序，实现界面如图 1-52 所示。

图 1-52　实现的界面

单元二

认识变量和数据类型

课程目标

- 掌握标识符的命名规则
- 了解 Java 的关键字
- 掌握 Java 的基本数据类型
- 掌握 String、Scanner 类的用法
- 掌握自动类型转换
- 了解强制类型转换

简 介

本单元分析Java语言中两个最基本的元素：变量和数据类型。与所有的现代编程语言一样，Java支持多种数据类型——基本数据类型和引用数据类型。本单元先介绍基本数据类型，引用数据类型将在后续单元中介绍，你可以使用这些类型声明变量。你将看到，Java对这些项目的处理方法是清晰、有效且连贯的。

本单元学习思路：首先要明白什么是常量、什么是变量，然后学习在Java语言中是通过标识符来表示变量，由于变量分为很多类别，如整数与小数，所以先学习数据类型，最后学习各种数据类型之间的转换。

2.1 变量与常量

在日常生活中，常用一些概念来存储经常变化的值。例如提到身高，可以说身高等于1.75米、1.90米等；提到气温，可以说30摄氏度、零下10摄氏度等。对于身高、气温，它们能保存的数据在不同的环境下可能会发生变化，通常叫做变量(Variable)。但是对于一些概念，如圆周率、光速等，它们的值是恒定不变的，通常叫做常量(Constant)。

同理，在程序中存在大量的数据来代表程序的状态，其中有些数据在程序的运行过程中值会发生改变，通常称它为变量。有些数据在程序运行过程中值不能发生改变，通常称它为常量。

在实际程序中，可以根据数据在程序运行中是否发生改变，来选择应该是使用变量代表还是常量代表。数据存储在内存的一块空间中，为了取得数据，必须知道这块内存空间的位置，然而若使用内存地址编号，则相当不方便，所以使用一个明确的名称来标识内存中的数据。

本单元着重介绍定义与使用变量。

2.2 标识符

用来标识类名、变量名、方法名、类型名、数组名、文件名等的有效字符序列称为标识符，简单地说，标识符就是一个名称。

Java语言规定标识符由字母、下画线、美元符号($)和数字组成，并且第一个字符不能是数字。下列都是合法的标识符：numOfStudent、identifier、userName、User_Name、_sys_value、$change。不合法的标识符如123、h+i、h i。

标识符中的字母是区分大小写的，如Boy和boy是不同的标识符。

Java语言使用Unicode标准字符集，最多可以识别65 535个字符，Unicode字符表的前128个字符刚好是ASCII表。每个国家的“字母表”的字母都是Unicode表中的一个字符。例如，汉字中的“你”字就是Unicode表中的第20 320个字符。

Java 所谓的字母包括了世界上任何语言中的“字母表”，因此，Java 所使用的字母不仅包括通常的拉丁字母 a、b、c 等，也包括汉语中的汉字，日文里的片假名、平假名，朝鲜文以及其他许多语言中的文字。

变量名称是该变量的标识符，需要符合标识符的命名规则。在实际使用中，该名称一般和变量的用途对应，这样便于程序的阅读，但是变量名称除了以上约束以外，也不能为 Java 关键字。

2.3　关键字

关键字就是 Java 语言中已经被赋予特定意义的一些单词，不可以把这类词作为标识符来用。Java 的关键字如下：

abstract	else	long	switch
boolean	extends	native	synchronized
break	final	new	this
byte	finally	null	throw
case	float	package	throws
catch	for	private	transient
char	goto*	protected	try
class	if	public	void
const*	implements	return	volatile
continue	import	short	while
default	instanceof	static	widefp
do	int	strictfp	
double	interface	super	

* 是目前未用的保留关键字。

以上介绍了什么是变量，以及怎么来标识变量。也明白了变量是一个数据存储空间的表示，将数据指定给变量，其实就是将数据存储至对应的内存空间，调用变量，就是将对应的内存空间的数据取出供我们使用。

2.4　数据类型

在生活中，物品是有类别之分的，我们看到杯子，就能想到杯子能用来盛水；看到书包，就能想到里面是不是有一些书和笔；看到冰箱，我们会联想到里面放置的可能是可口的水果、饮料和蔬菜。也就是说，我们已经给各种各样的容器大致分了类别，这一方面会限制这些容器的功能、行为，另一方面也能起到物尽其用的作用，不会造成空间的浪费。假如没有这种分类，我们很难确定书包是不是盛水用的，也不知道冰箱里是不是躺着一头大象。Java 作为一种简单的高级语言，很符合人们的日常思维，它对数据类型也进行了划分。

Java 语言中的数据类型与其他高级语言很相似，分为简单数据类型(原始数据类型)和复合数据类型(又称引用数据类型)。简单数据类型为 Java 语言定义的数据类型，通常是用户不可修改的，它用来实现一些基本的数据类型；复合数据类型是用户根据自己的需要定义并实现其运算的类型，它是由简单数据类型及其运算复合而成的，本单元先学习简单数据类型，对于复合数据类型，将在后面逐步学习。Java 数据类型如图 2-1 所示。

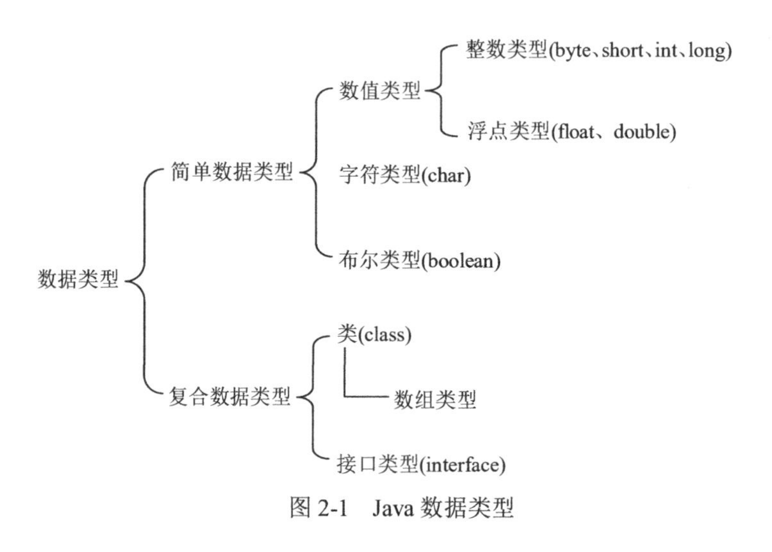

图 2-1 Java 数据类型

1. 整数

整数只存储整数数值，可细分为短整数(short，占 2 个字节)、整数(int，占 4 个字节)与长整数(long，占 8 个字节)。长整数所占的内存比整数的多，可表示的数值范围也就较大。同样，整数可表示的整数数值范围也比短整数的大。

2. 字节型

Java 提供有字节型(byte)数据类型，可专门存储字节型数据。一个字节型数据类型占一个字节，有必要的话，byte 数据类型也可以存储一定范围的整数数值。

3. 浮点数

浮点数主要用来存储小数数值，也可以用来存储范围更大的整数，可分为单精度浮点数(float，占 4 个字节)与双精度浮点数(double，占 8 个字节)。双精度浮点数所使用的内存空间比单精度浮点数的多，可表示的数值范围与精确度也比较大。需要注意的是，对于 1.0、0.999 这样的数据，Java 语言里默认都是双精度浮点类型的，即 double 类型，它们的 float 类型为 1.0f、0.999f。

4. 字符

用来存储字符。Java 的字符采用 Unicode 编码，其中前 128 个字符编码与 ASCII 编码兼容。每个字符数据类型占 2 个字节，可存储的字符范围从\u0000 到\uFFFF。由于 Java 的字符采用 Unicode 编码，一个中文字与一个英文字母在 Java 中同样都用一个字符来表示，如'a'、'好'、' '。

在第 1 单元，输出引号的时候，不能直接在 println 内写双引号，而是使用转义字符“\"”来表达。大家首先要明白为什么不能直接写，其次也要明白，其实“\"”代表一个字符，具有特殊含义，转义字符用来表示一些不可显示的或有特殊意义的字符。常见的转义字符如表 2-1 所示。

表 2-1　常见的转义字符

功　　能	字符形式	功　　能	字符形式
回车	\r	单引号	\'
换行	\n	双引号	\"
水平制表	\t	反斜线	\\
退格	\b	换页	\f

5. 布尔数

布尔数占内存 1 个字节，可存储 true 与 false 两个数值，分别表示逻辑的真与假。

可以看到数值类型占了 8 种简单数据类型中的 6 种，之所以分那么细，是为了表示数值的不同大小区间。数据类型所占空间如表 2-2 所示。

表 2-2　数据类型空间区域

数据类型	占用空间/字节	数值范围(e 表示科学计数法)
byte	1	–128～127
short	2	–32 768～32 767
int	4	–2 147 483 648～2 147 483 647
long	8	–9 223 372 036 854 775 808～9 223 372 036 854 775 807
float	4	1.401 298e–45～3.402 823e+38
double	8	4.900 000e–324～1.797 693e+308

表 2-2 中，浮点数所取的是正数的最大与最小范围，加上负号即为负数可表示的最大与最小范围。

因为每种数据类型所占的内存大小不同，因而可以存储的数值范围也就不同。例如，整数(int)的内存空间是 4 个字节，所以它可以存储的整数范围为–2 147 483 648～2 147 483 647 ($\pm 2^{31}$)。如果存储值超出这个范围，则称为“溢出”(Overflow)，这会造成程序不可预期的结果。对于 Java 语言提供的 8 种原始数据类型，根据数据表示范围的大小可以排列如下(不包括 boolean)：

范围小　　byte→short→char→int→long→float→double　　范围大

编程过程中，根据要表达的数据的分类、大小等情况来选择合适的数据类型。比较常用的数据类型有 int、float、char、boolean 等。

2.5 变量的声明及使用

前面学习了什么是变量、变量的命名规则，以及变量的数据类型等知识，但至今为止还没有在程序中使用变量。其实在 Java 中定义变量和使用变量是非常简单的事。

2.5.1 声明变量

例如，要定义一个变量，用来保存学员年龄，那么要完成这个变量的定义，都要考虑哪些因素呢？

首先，需要考虑数据类型。为每个变量选择最佳的数据类型，既能减少对内存的需求量，加快代码的执行速度，又能降低出错的可能性。对于年龄来说，肯定是整数，所以从 byte、short、int、long 中选择。使用 int、long 明显太大，浪费存储空间，使用 byte 又显得太小。所以 short 比较合适。当然，如果不在乎存储空间，使用 int 也未尝不可，但很少有人使用 long 表示年龄。

其次，要考虑变量命名。根据 2.2 节的学习，我们知道最好让变量名和实际用途联系上，所以最好不要用 a、b、c 这样的名字，这里命名为 age。

第三，要考虑目前要不要给变量赋值。如果定义的时候不赋值，在后续使用的过程中也可以赋值。当然，在一个变量未被赋值前就使用是没有意义的。

有了上面这些基础，再根据 Java 对于变量声明的规范：

```
数据类型变量名=值;
```

于是很顺利地对变量进行声明(定义)并赋值：

```
int age=20;
```

等号代表把右侧的 20 放入左侧 age 所指向的内存空间内。当然，也可以先声明，然后赋值，分两步走：

```
int age;
age=20;          //age 赋值为 20
age=25;          //把 age 的值改为 25
```

这两种办法达到的效果都是一样的，都是在内存中申请了 4 个字节整型的空间，起名为 age，并且在空间里放置了数字 20。

如果数据类型一致，可以同时定义多个变量。例如，定义多个整型变量：

```
int age, length, weight;
```

每个变量之间用逗号隔开，语句结束使用分号。当然，也可以在定义的同时赋值：

```
int age=20, length, weight=65;
```

是不是很简单？结合各种数据类型，可以写出一连串的变量定义：

```
char sex='M';
boolean isMan=true;
double myMoney=-3000, hisMoney=999999.9999;
```

对于性别、考试是否通过等信息，一个字符就能够说明问题，使用 char 数据类型即可。但人名、地址、国籍等信息通常需要多个字符，而只能存储一个字符，显然就心有余而力不足了。这时，可以使用字符串专用的表示方法：

```
String name="wanghao";
name="wangliqin";
```

以上代码定义了一个字符串，并起名 name，赋值为 wanghao，其后将字符串的值改为 wangliqin。注意 String 首字母是大写的，另外，String 并不是一种数据类型。

再说明一次：在 Java 语言中，使用一个变量之前，必须要先定义变量；定义变量的过程，其实就是向内存申请空间，并给空间起名字的过程；赋值表示向空间内放数据，空间内放的数据在保证类型匹配、不溢出的原则下，是可以任意更换的。可以让一个人的性别变量的值为“男”，随后再把它更改为“女”，没有问题。

申请空间并赋值完毕后，可以根据变量名找到内存空间里面放置的数字。

2.5.2　使用变量

定义完变量后，就可以使用变量了。例如，以下程序定义并输出了某个学员的姓名和年龄。

```
/**
 * @file:StudentDemo.java
 * @version:2018-3-30 10:12:34
 * @author:hopeful
 */

public class StudentDemo {
/**
        * @param args
        */
        public static void main(String[] args) {
        //定义一个整型变量，用来存储学员年龄
        int stuAge;
        //定义一个字符串变量，用来存储学员姓名
        String stuName;
        //给年龄赋值
        stuAge = 21;
        //给姓名赋值
        stuName = "yaoming";
        //输出学员信息
```

```
        System.out.println(stuAge);
        System.out.println(stuName);
    }
}
```

使用变量的过程，就是根据变量名，找到对应的内存空间，把里面的值取出来的过程。

我们知道，加号可以对两个数字做加法(运算符号)，例如本例也可以把 stuAge＝21 写为 stuAge＝20＋1，结果是一样的。但根据在单元一学习过的输出语句，我们知道其实加号还可以把多个字符连接起来一起输出。例如：

```
System.out.println("你好，"+"欢迎来到厚溥教育!");
```

由于学员年龄和姓名也是字符串，所以照葫芦画瓢，采用一条输出语句同时输出姓名和年龄：

```
System.out.println("姓名："+stuName+"    "+"年龄："+stuAge);
```

输出结果如图 2-2 所示。

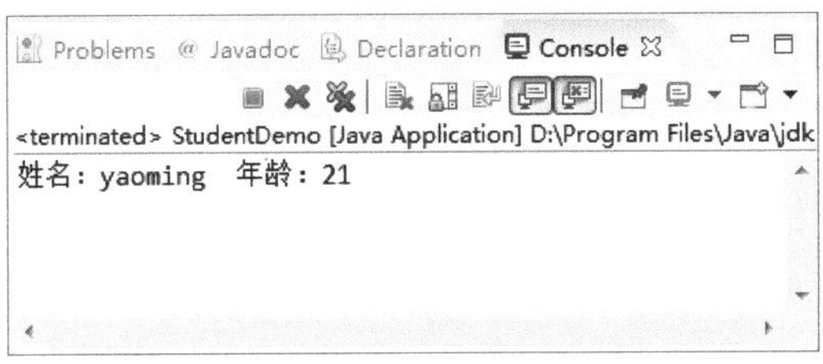

图 2-2　单行输出

当然，也可以使用转义字符，手工换成两行：

```
System.out.println("姓名："+stuName+"\n "+"年龄："+stuAge);
```

输出结果如图 2-3 所示。

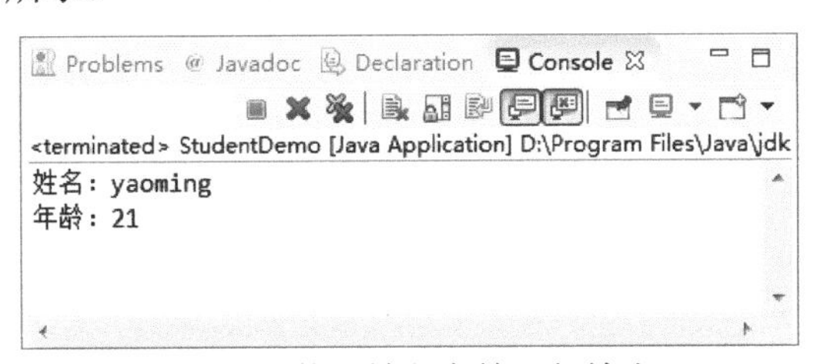

图 2-3　使用转义字符双行输出

对于字符串变量来说，它能保存任意长度的字符串，如果有多个字符串，可以使用加号把多个字符连接起来赋给变量。例如：

```
/**
    * @file:StudentDemo.java
    * @version:2018-3-30 10:12:34
    * @author:hopeful
    */
    public class StudentDemo {
```

```
        /**
         * @param args
         */
        public static void main(String[] args) {
            //定义一个整型变量，用来存储学员年龄
            int stuAge;
            //定义一个字符串变量，用来存储学员姓名
            String stuName;
            //定义一个字符串变量，用来存储学员年龄和姓名信息
            String stuInfo;
            //给年龄赋值
            stuAge = 21;
            //给姓名赋值
            stuName = "yaoming";
            //给学员信息变量赋值
            stuInfo = "姓名：" + stuName + "\n" + "年龄：" + stuAge;
            //输出年龄和姓名
            System.out.println(stuInfo);
        }
}
```

运行后，结果和图 2-3 相同。

读者可以根据以上示例，对其他数据类型进行测试。

2.6　数据类型转换

在日常生活中，经常会遇到各种不同类型的数据进行混合运算。例如，包子原来卖 1 元一个，现在涨价 0.5 元，那么现在价格是多少呢？

这里就涉及整数与小数的混合运算，那么在 Java 语言中，各种不同类型的数据能不能一起参与运算呢？答案是肯定的。

可以这么思考刚才的问题：包子价格原先是 1 元(int 类型)，后来涨价 0.5 元(double 类型)，也即希望在整型数字 1 上加上浮点型数字 0.5，由于类型不统一，存储结构不一致，计算机本来是没有办法混合运算的，就像别人问你：10 只蝌蚪加上 5 只青蛙是多少只蝌蚪或者多少只青蛙一样的道理，你是不是也会莫名其妙？

不过幸运的是，在编程语言里，不同的数据类型混合运算时，会自动把“较小”类型的数据提升为“较大”类型的数据。当然，最终得到的结果也是“较大”类型的。

```
public class Test{
    public static void main(String[] args) {
        //初始价格
        int oldPrice = 1;
        //涨价
```

```
            double appreciate = 0.5;
            //最新价格
            double newPrice = oldPrice + appreciate;
            System.out.println(newPrice);
        }
    }
```

运行程序，输出结果为1.5。

要注意的是，混合运算时，最终得到的结果是“最大”的那种数据类型。也就是说，不能把上例中第8行改为如下代码：

```
int newPrice=oldPrice+appreciate;    //希望把 appreciate 自动转换为整型
```

否则会提示类型转换错误：Type mismatch: can not convert from double to int。double占8个字节的空间，而int占4个字节的空间，想让大象钻到冰箱里，当然做不到。

根据转换目标的不同，数据类型转换分为自动类型转换(隐式转换)和强制类型转换。

2.6.1 自动类型转换

整型、浮点型、字符型数据之间可进行混合运算。运算中，不同类型的数据先转化为同一类，然后进行运算。这种转换过程称为自动类型转换，也叫隐式类型转换。例如，刚刚的包子价格示例即是自动转换，我们没有做多余的操作，由Java编译器自动将int转换为double。

各数据类型从低级到高级的转换顺序为：

```
byte→short→char→int→long→float→double
```

自动转换只能发生于兼容数据的由低级向高级转换。例如，以下转换都是自动完成的：

```
//byte->short->int->long->float->double
byte b = 100;
short s = b;
int i =   s;
long l = i;
float f = l;
double d = f;
//char->int
char c = 'A';
int in = c;
```

2.6.2 强制类型转换

尽管自动类型转换是很有帮助的，但并不能满足所有的编程需要。例如，如果需要将int型的值赋给一个byte型的变量，或者把double型转换为int型，该怎么办？这种转换不会自动进行，因为转换后的变化范围比转换前的要小。为了完成从大到小的转换，就必须进行强制类型转换。它的通用格式如下：

```
(target-type) value
```

其中，目标类型(target-type)指定了要将指定的 value 转换成的类型。

例如：

```
public class Test{
    public static void main(String[] args) {
        double d = 1.234;
        int i;
        i = (int)d;    //将 double 型变量 d 强制转换为 int 类型
        System.out.println(i);
    }
}
```

i 的最终结果为 1，很显然，对于强制类型转换，有可能会损失一定精度的数据。所以除非需要，否则不要进行强制类型转换。

需要注意的是，并不是任意类型的数据之间都是可以强制转换的，编译器可以把一只小蝌蚪自动放大转换为一只青蛙，也可以强制地把一只青蛙缩小转换为一只小蝌蚪，因为这两者本质上是一致的。但是，不能希望编译器会自动把蝌蚪放大转换为老鹰，当然也不可能强制让老鹰缩小转换为蝌蚪。

```
public class Test{
    public static void main(String[] args) {
        int i = 1;
        boolean b = (boolean)i;
    }
}
```

如上例，对于数据类型 boolean，它只是代表真(true)或者假(false)，与数值没有任何关系，对它们是不能进行互相转换的。

2.7　使用 Scanner 录入数据

在以上例子中，对变量赋值都是直接采用等号赋值的方法，但是在实际应用中，程序里面变量的值其实是客户输入的。例如，去办一张银行卡，需要客户输入密码，而不是由柜台人员设置密码。那么在 Java 程序中，怎么来接收用户输入的信息呢？这要借助于一个叫做 Scanner 的“扫描器”来完成，要使用 Scanner 这个工具，首先需要告诉编译器它在哪儿，并创建一个 Scanner“扫描器”，然后通过扫描器解析用户输入的数据。

```
//告诉编译器，Scanner 在哪个位置
import java.util.Scanner;
```

```
public class ScannerTest{
    public static void main(String[] args) {
        //创建 Scanner
        Scanner scanner = new Scanner(System.in);
        //接收一个整型数字
        int age = scanner.nextInt();
        //输出数字
        System.out.println("my age is " + age);
    }
}
```

上例中，第 2 行首先告诉编译器要使用的 Scanner 在哪个位置；第 6 行根据用户输入创建一个 Scanner，System.in 表示系统标准输入(也就是用户输入的内容)；第 8 行借助于 Scanner 的 nextInt 功能接收一个整型数字，并赋值给 age 变量；第 10 行输出 age 变量的值。程序运行结果如图 2-4 所示。

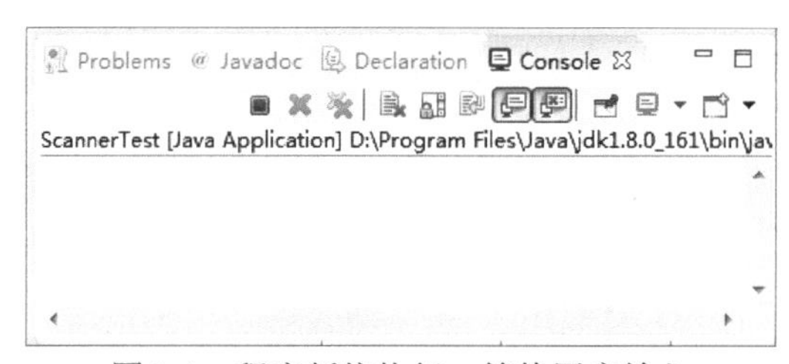

图 2-4　程序暂停执行，等待用户输入

我们发现程序运行后，控制台里出现了光标，并且程序暂停运行，这是由于程序在等待用户输入数据。输入年龄后按 Enter 键，程序继续执行，如图 2-5 所示。

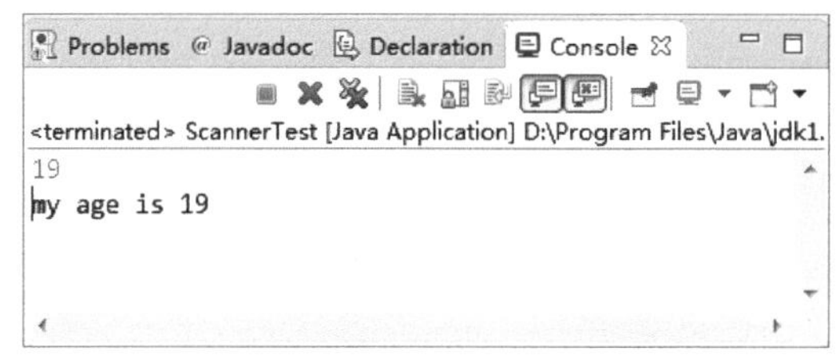

图 2-5　用户输入数据后按 Enter 键，程序继续执行

除了能够接收数字外，Scanner 还能接收其他数据类型。示例如下：

```
//告诉编译器，Scanner 在哪个位置
import java.util.Scanner;

public class ScannerTest {
    public static void main(String[] args) {
        String name;//姓名
        int age ; //年龄
        float weight; //体重
        //创建 Scanner
```

```
        Scanner scanner = new Scanner(System.in);
        //接收姓名
        System.out.print("请输入姓名：");
        name = scanner.next();
        //接收年龄
        System.out.print("请输入年龄：");
        age = scanner.nextInt();
        //接收体重
        System.out.print("请输入体重：");
        weight = scanner.nextFloat();
        //输出信息
        System.out.println("my name is "+ name);
        System.out.println("my age is " + age);
        System.out.println("my weight is "+ weight);
    }
}
```

运行后根据提示输入数据，结果如图 2-6 所示。

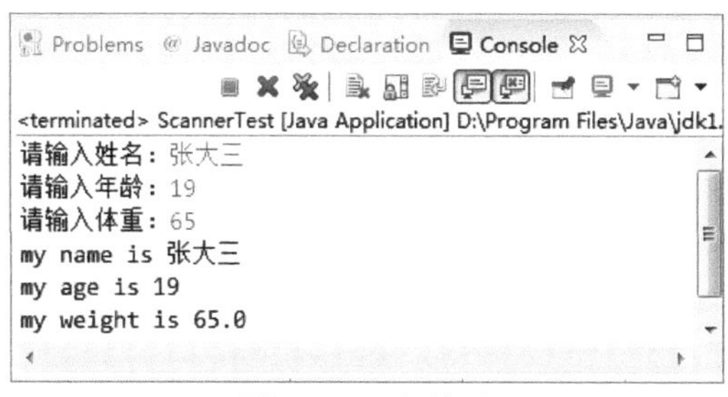

图 2-6　运行结果

2.8　常见问题

本单元通过示例着重讲解了变量与常量，如何定义变量、给变量赋值、使用变量，以及不同数据类型的互相转换。在随后的编程实战中，会大量应用这些最基础的知识，不可避免也会犯一些错误。在学习过程中要养成总结问题的习惯，把遇到的问题、发生问题时报告的错误，以及解决这些问题的方法记录下来。现在把该部分常见的错误总结如下。

问题 1：变量不声明或未赋值就使用

```
public class Test {
    public static void main(String[] args) {
        int age;
        System.out.println("my name is " + name);
        System.out.println("my age is " +age);
    }
}
```

第 3 行，定义变量 age，没有赋值。

第 4 行，输出 name 的值，但从来没有定义过 name 变量。

第 5 行，输出 age 的值，这里要注意，age 变量虽然定义了，但没有赋值，所以这也是错误的。

问题 2：变量重复声明

```
public class Test {
    public static void main(String[] args) {
        int age = 21;
        System.out.println("my name is " + name);
        int age = 32;
        System.out.println("your age is " +age);
    }
}
```

已经在第 3 行定义过变量 age，那么在当前大括号所在范围内(第 4～8 行)，不能再定义同样的变量，否则会造成重名冲突。

问题 3：无用变量

```
public class Test {
    //定义 5 位同学的年龄和姓名
    public static void main(String[] args) {
        //第一位同学：汪明
        int age1 = 19;
        String name1 = "汪明";
        System.out.println("姓名："+name1);
        System.out.println("年龄："+age1);
        //第二位同学：张晓
        int age2 = 18;
        String name2 = "张晓";
        System.out.println("姓名："+name2);
        System.out.println("年龄："+age2);
        //以下省略，共定义 10 个变量来保存 5 位同学的年龄和姓名
    }
}
```

如上述代码所示，共定义了 10 个变量来保存 5 位同学的信息，如果有 100 位同学，需要定义 200 个变量，并不是说这样不对，其实可以使用更好的办法(变量，本来就是可以变化的量)：

```
public class Test {
    //定义 5 位同学的年龄和姓名
    public static void main(String[] args) {
        int age;
```

```
        String name;
        //第一位同学：汪明
        age = 19;
        name = "汪明";
        System.out.println("姓名："+name);
        System.out.println("年龄："+age);
        //第二位同学：张晓
        age = 18;
        name = "张晓";
        System.out.println("姓名："+name);
        System.out.println("年龄："+age);
        //以下省略，一直使用同样的两个变量
    }
}
```

这样写的话，只需要两个变量采用覆盖信息的方式就能完成程序了。当然，这么写的反作用是，一旦改变了 age 和 name 的值，那么之前保存的学员信息就丢失了。所以在实战过程中，要根据是否需要保存之前的信息来决定是否采用覆盖信息的方式。还有一点，纵览这两种写法，我们发现其实它们一直在做重复的事，就是不停地赋值，随后输出内容，劳动量是巨大的，随后的学习中将解决这个重复劳动的问题。

问题 4：变量起名不规范

这是初学者最需要注意的地方，我们应当使变量名和它的实际用途联系上，如果有多个单词，采取第一个单词首字母小写，后续单词首字母大写的方式。例如对于学员年龄，可以起名为 stuAge，对于价格可以为 price，不要随便起名为 a、b 等，不然随着程序的编写，变量越来越多时，你会发现一大堆完全不知其意的变量。另外，我们写的程序很多时候要给其他人审阅，如果变量名不规范，别人也看不懂你写的是什么，因此要做到见名知意。

问题 5：类型错误

```
public class Demo {
    public static void main(String[] args) {
        byte myAge = 129;
        char sex = "男";
        char sex1 = "男性";
        float price = 1.24;
        String myName = 'toraji';
    }
}
```

请同学们描述错误，并尝试改正以上错误。

问题 6：类型转换错误

正如 2.6.2 节所述，类型转换并不意味着随意转换，同系列不同类型之间可以强制或者自动转换，但是，如果类型系列不同，那么转换很可能通不过。例如，希望把字符串"abc"转换为数字类型，就会发生错误(当然，后面将会告诉大家，字符串"123"可以转为数字 123)。

【单元小结】

- 常量是保持不变的值，变量则可以随意变化。
- Java 语言规定标识符由字母、下画线、美元符号($)和数字组成，第一个字符不能是数字，并且不能是 Java 关键字。
- Java 语言中的数据类型与其他高级语言很相似，分为简单数据类型(原始数据类型，共 8 种)和复合数据类型。
- Java 定义变量规范：数据类型　变量名＝值。
- 数据类型转换分为强制类型转换和自动类型转换，自动类型转换是由低到高，强制类型转换是由高到低。

【单元自测】

1. 下列哪些是合法的 Java 标识符？(　　)

   A. Tree&Glasses　　B. FirstJavaApplet

   C. _$theLastOne　　D. 273.5

2. 以下不是 Java 基本数据类型的是(　　)。

   A. int　　B. float　　C. Integer　　D. Boolean

3. 在下面的语句中，(　　)正确声明并初始化一个双精度型变量。

   A. double d　　B. d＝10　　C. double d＝10　　D. double d，d＝10

4. int 类型变量在存储时需要(　　)内存空间。

   A. 8 位　　B. 16 位　　C. 32 位　　D. 64 位

【上机实战】

上机目标

- 掌握如何定义及使用变量
- 交换两个变量的值
- 掌握数据类型之间的转换

上机练习

◆ 第一阶段 ◆

练习 1：定义变量

【问题描述】

编写一个 Java 程序，定义变量，描述嫦娥姐姐的姓名、年龄、性别、体重、地址、婚否等信息。

【问题分析】

根据学过的 8 种简单数据类型，一一对应需要定义的变量，决定对题目要求的各个变量使用什么数据类型。

例如，姓名很明显是一个字符串，8 种原始数据类型都不能表达，采用 String；对于年龄，采用 int；对于性别，由于只有一个描述字符——男或女，可以采用 char 类型；体重，采用 float 类型；地址是一个字符串，采用 String 字符串；对于婚否，由于只需要记录真或假，所以采用 boolean 类型。

【参考步骤】

(1) 创建工程并创建测试类，如图 2-7 所示。

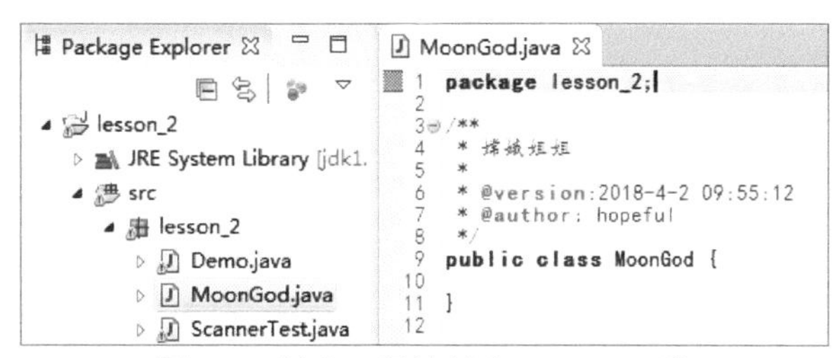

图 2-7　创建工程并创建 MoonGod 类

(2) 编写 main 方法，定义变量。

```
/**
 * 嫦娥姐姐
 * @version: 2018-4-2 09:55:12
 * @author: hopeful
 */
public class MoonGod {
    public static void main(String[] args) {
        String mgName;          //姓名
        int mgAge;              //年龄
        char mgSex;             //性别
        float mgWeight;         //体重
        String mgAddr;          //地址
```

```
        boolean isMarried;        //婚否
    }
}
```

可以看到，定义完变量后，由于没有使用变量，这时Eclipse自动提示警告，对没有使用的变量加上黄色的波浪线。

(3) 给变量赋值。下面继续完善程序，经过多方查询，得到嫦娥姐姐的基本信息。给变量赋值如下。

```
/**
 * 嫦娥姐姐
 * @version: 2018-4-2 09:55:12
 * @author: hopeful
 */
public class MoonGod {
    public static void main(String[] args) {
        String mgName;            //姓名
        int mgAge;                //年龄
        char mgSex;               //性别
        float mgWeight;           //体重
        String mgAddr;            //地址
        boolean isMarried;        //婚否

        //赋值
        mgName = "嫦娥" ;
        mgAge = 3500 ;
        mgSex = '女' ;
        mgWeight = 40.5f ;
        mgAddr = "月球广寒宫" ;
        isMarried = true;
    }
}
```

最后，输出这些信息。

```
/**
 * 嫦娥姐姐信息
 * @version: 2018-4-2 09:55:12
 * @author: hopeful
 */
public class MoonGod {
    public static void main(String[] args) {
        String mgName;            //姓名
        int mgAge;                //年龄
        char mgSex;               //性别
```

```
        float mgWeight;          //体重
        String mgAddr;           //地址
        boolean isMarried;       //婚否

        //赋值
        mgName = "嫦娥" ;
        mgAge = 3500 ;
        mgSex = '女' ;
        mgWeight = 40.5f ;
        mgAddr = "月球广寒宫" ;
        isMarried = true;
        //输出信息
        System.out.println("嫦娥个人信息：");
        System.out.println("\t 姓名:"+mgName);
        System.out.println("\t 年龄:"+mgAge+"岁");
        System.out.println("\t 性别:"+mgSex);
        System.out.println("\t 体重:"+mgWeight+"kg");
        System.out.println("\t 地址:"+mgAddr);
        System.out.println("\t 婚否:"+isMarried);
    }
}
```

注意体重是 float 类型的，而默认小数都是 double 的，所以要在后面加上一个大写或小写的“f”，表示是 float 类型的小数。运行程序，输出结果如图 2-8 所示。

图 2-8　输出结果

练习 2：交换两个变量的值

【问题描述】

编写一个 Java 程序，将两个变量的值互换。

【问题分析】

对于此种问题，可以从现实生活中入手，把程序问题转换为生活问题，其实将两个变量的值互换，与把两个杯子里的水互换道理是一样的，暂且把两个杯子分别叫做杯子 A 和杯子 B。

那么，我们究竟怎样才能把两个杯子里的水互换呢？可能聪明的同学们已经想到了，再找一个空杯子C，把A中的水倒入C，再把B中的水倒入A，最后，把C中的水倒入B。这样就很简单地完成了交换。示意图如下，箭头表示倒水的方向：

示意图1:

C←A

A←B

B←C

大家可以思考一下，下面的交换代表了什么过程，能不能达到目的。

示意图2:

C←A

B←C

A←B

示意图3:

C←B

B←A

A←C

【参考步骤】

和交换杯子里的水一样，需要先声明并初始化两变量，为将这两个变量进行交换，需要借助第三个中间变量。这里以整型为例编写代码:

```
/**
 * 交换数字
 * @version: 2018-4-2 10:01:19
 * @author: hopeful
 */
public class Exchg {

    public static void main(String[] args){
        int num1 = 10, num2 = 50;
        int temp;     //中间变量

        //显示交换前的变量的值
        System.out.print ("交换前两个变量的值为：");
        System.out.println ("num1=" + num1 + "\t"
                + "num2 = " + num2);

        //实现两个变量的交换
        temp = num1;
        num1 = num2;
        num2 = temp;
```

```
            //显示交换后的变量的值
            System.out.print ("交换后两个变量的值为：");
            System.out.println ("num1=" + num1 + "\t"
                              + "num2 = " + num2);
        }
    }
```

◆ 第二阶段 ◆

练习 3：数据类型的自动提升

【问题描述】

编写一个 Java 程序，将几种不同数据类型的变量相加，考虑最后用什么类型的变量来存储这个结果。

【问题分析】

同系列的数据类型可以进行混合运算，例如对于数字类型 byte、short、int、long、float、double 等均可进行加减乘除混合运算。对于 char 类型，其实每一个字符都对应唯一的一个数字，在和数字进行混合运算的时候，会自动转换为对应的数字参与运算。

【参考步骤】

(1) 声明 int、float、double 三种数据类型的变量。

(2) 使用 Scanner 将各个变量一一赋值，注意各种不同数据类型所使用的方法。

(3) 将这四种数据类型的变量相加，把结果赋值给变量 sum。

(4) 显示 sum 的值。

练习 4：数据类型的强制转换

【问题描述】

把 double 类型的数据(231.5)分别转换为 float、int、byte 类型，输出每个结果，对转换后的数字进行求和，并输出求和结果。

【问题分析】

由于是“由高到低”的转换，所以需要进行强制转换。

【参考步骤】

(1) 需要定义 double 类型的变量。

(2) 使用 Scanner 为变量赋值。

(3) 分别定义 float、int、byte 类型的变量，保存强制类型转换之后的数据。

(4) 定义变量 sum，思考 sum 的类型。赋值为各个数字的和，输出 sum。

【拓展作业】

1. 列举 Java 的基本数据类型及所占的存储空间。
2. 编一个程序，显示汉字“你”在 Unicode 表中的顺序位置。
3. 某书店部分书籍列表如表 2-3 所示。

表 2-3　某书店部分书籍列表

书　　名	价格/元
Java 编程思想	55
精通 CSS 和 HTML 设计	35.9
MySQL 数据库入门	42.8

请编写程序存储以上书籍，输出所有书籍的书名和价格信息，并计算出这三本书的总价。

4. 某超市发送优惠卡，为此要记录顾客编号、姓名、年龄、积分等信息。请针对两个顾客分别定义变量、使用 Scanner 给变量赋值并输出这些信息。

单元 三

认识运算符和表达式

课程目标

- 理解表达式
- 掌握赋值运算符
- 掌握算术运算符
- 掌握关系运算符
- 掌握逻辑运算符
- 了解运算符的优先级

简 介

本单元主要讲述如何执行各种运算与操作，如加减乘除等算术运算及赋值操作。对于这些运算符号，大部分之前都接触过，例如加减乘除，学习起来也比较轻松。但是对于一些表达式，如求余运算符、自增自减等，比较容易出错，学习的时候应该重点掌握。

3.1 表达式

大家都知道，在数学中，如果有两个数 a 和 b，求和的式子为 a+b，求差的式子为 a-b，在程序语言中，这样的式子叫做“表达式”，即表达一定结果的式子。表达式必须要有一个结果，结果可以是一个数字，也可以是真或假。类似的表达式还有 a+1+2(表达和)、a>3(表达真假)、a%b(表达取余)、(a/b)+(a-3)(表达式内嵌表达式)等。

表达式中使用的符号称为运算符，这些运算符操作的变量或常量称为操作数。例如，在表达式 a+b 中，“+”为算术运算符，a 和 b 都是操作数。在复杂的表达式中，操作数本身可能就是一个表达式。例如，(a/b)+(a-3)，其中的(a/b)和(a-3)本身就是表达式。

根据运算需求的不同，使用不同的运算符号组成丰富的表达式。Java 提供了一批功能强大的运算符，本节只对较常用的运算符加以介绍。最常见的运算符有：

- 赋值运算符
- 算术运算符
- 关系运算符
- 逻辑运算符
- 条件运算符(三元运算符)

3.2 赋值运算符与赋值表达式

在所有运算符中，最简单的就是赋值运算符。它的通用形式如下：

```
variable=expression;
```

其中，variable 是任何有效的标识符，expression 是常量、变量或表达式。赋值运算符将把右侧的值赋给左侧的变量，这样的式子叫做赋值表达式。例如：

```
float bookPrice;
bookPrice=23.5f;
```

要注意的是，这里的“=”和数学含义的“等于”并不一样，这里并不是要判断等号左侧与右侧的值是否相等，而要把 23.5f 这个值放入变量名称 bookPrice 所对应的内存空间中，是一个交付的过程。另外，在数学中，可能会这么写：

```
a=1
a=b
```

```
1=b
a+1=b
```

以上四句话在数学中都没有任何问题，但是第三种写法(1=b)和第四种写法(a+1=b)在程序中是行不通的。“=”是一种运算符号，有自身的规律特点，不可能把一个变量 b 的值赋给一个永远不会变化的常量 1，也不能把一个值赋给一个没有存储空间的表达式。

3.3　算术运算符与算术表达式

还记得小学时就开始学习用于算术运算的加减乘除吧，Java 语言中的算术运算符除了包括常规的用于计算的加、减、乘、除，还增加了几个新成员。表 3-1 列出了 Java 中的各种算术运算符。

表 3-1　算术运算符

算术运算符	描　　述	表 达 式
+	执行加法运算	a+b
-	执行减法运算	a-b
*	执行乘法运算	a*b
/	执行除法运算得到商	a/b
%	执行除法运算得到余数	a%b
++	将操作数自加 1	a++或++a
--	将操作数自减 1	a--或--a

这些算术运算符又分为一元运算符和二元运算符。

3.3.1　一元运算符

一元运算符是指只处理一个操作数的运算符。在算术运算符中，++(递增运算符)和--(递减运算符)为一元运算符。++用于将操作数递增1，因此 num++等同于表达式 num=num+1。--运算符用于将操作数递减 1，因此 num--等同于表达式 num=num-1。另外，递增和递减运算符根据位于操作数之前还是之后，得到的值也不一样。例如：

- ++x/--x 表示在使用 x 之前，使 x 的值加或者减 1。
- x++/x--表示在使用 x 之后，使 x 的值加或者减 1。

粗略地看，++x 和 x++的作用相当于 x=x+1。但++x 和 x++的不同之处在于，++x 是先执行 x=x+1 再使用 x 的值，而 x++是先使用 x 的值再执行 x=x+1。如果 x 的原值是 5，则：

- 对于 y=++x，x 的值先增加为 6，再把 x 的值赋给 y，最终 x 和 y 的值均为 6。
- 对于 y=x++，先把 x 的值(5)赋给 y，然后 x 的值自增为 6，最终 x 为 6，y 为 5。

示例 3.1：

```
/**
 * 一元运算符
 * @version: 2018-4-8 09:56:20
 * @author: hopeful
 */
public class Demo1{
    public static void main(String []args){
        int num1,num2,sum1,sum2;
        num1 = 5;
        sum1 = num1++;
        System.out.println ("num1 = " + num1);
        System.out.println ("sum1 = " + sum1);
        num2 = 5;
        sum2 = ++num2;
        System.out.println ("\num2 = " + num2);
        System.out.println ("sum2 = " + sum2);
    }
}
```

运行结果如图 3-1 所示。

```
Problems @ Javadoc Declaration Console
<terminated> Demo1 [Java Application] D:\Program Files\Java\jdk
num1 = 6
sum1 = 5

um2 = 6
sum2 = 6
```

图 3-1　一元运算符的运行结果

很显然，自增与自减只能针对数值型数据，即各种整型、浮点型、char 等数据，而不能针对 boolean、字符串等非数值型数据。

3.3.2　二元运算符

二元运算符是指处理两个操作数的运算符。Java 语言中常用的二元运算符包括“+”、“-”、“*”、“/”、“%”。其中只有“%”大家比较陌生。“%”运算符用来求余数，即两个数相除获得整数商以后的余数，该运算符只作用于两个整数。示例 3.2 介绍了二元运算符的使用。

示例 3.2：

```
/**
 * 二元运算符
 * @version: 2018-4-8 09:59:40
 * @author: hopeful
 */
public class Demo2{
```

```
    public static void main(String []args){
        int a,b;
        int sum,minus,product,quotient,remainder;
        a = 10;
        b = 7;
        minus = a - b;
        product = a * b;
        quotient = a / b;
        remainder = a % b;
        System.out.println ("差为："+minus);
        System.out.println ("积为："+product);
        System.out.println ("商为："+quotient);
        System.out.println ("余数为："+remainder);
    }
}
```

运行结果如图 3-2 所示。

```
Problems  Javadoc  Declaration  Console
<terminated> Demo2 [Java Application] D:\Program Files\Java\j
差为：3
积为：70
商为：1
余数为：3
```

图 3-2　二元运算符运行结果

同学们应该看到了，10 除以 7 不是得到一个小数，而是得到一个整数 1。这是由于 10 和 7 都是一个整数，所以它们混合运算的时候，结果也只返回整型数据。还记得在单元二学习过的数据类型转换吗？所谓种瓜得瓜、种豆得豆，这里的整数并没有进行任何转换，得到的结果当然也是整型的。请大家思考以下程序所得到的结果：

```
public class Demo2_1 {
    public static void main(String[] args) {
        int a=10,b=4;
        int result1=a/b;
        float result2=a/(float)b;        //先把 b 转为 float 类型，然后参与运算
        float result3=(float)(a/b);
        float result4=a/b*1.0f;
        System.out.println(result1);
        System.out.println(result2);
        System.out.println(result3);
        System.out.println(result4);
    }
}
```

需要注意当取余(%)的时候，刚才仅仅是通过两个正整数，但两个操作数如果有正有负，或者均为负数，或者有浮点数，这些情况下能不能取余数呢？请同学们自行试验，并对结果做出总结。

另外，在前面已经掌握了使用“+”把两个字符串相连的用法，在实际编程中，要注

意区分“+”在不同语句里代表的不同含义。例如：

```
String str1 = "1" + 2 + 3;
String str2 = 1 + "2" + 3;
String str3 = 1 + 2 + "3";
String str4 = 1 + "";          //发生了什么变化？这么做有什么用？
```

请思考以上字符串的结果是什么。

3.3.3 复合赋值运算符

在 Java 语言中，在赋值运算符“=”之前加上二元算术运算符可构成复合赋值运算符，如表 3-2 所示。

表 3-2 复合赋值运算符

运 算 符	表 达 式	计 算	结果(假设 a=10)
+=	a += 5	a = a + 5	15
-=	a -= 5	a = a - 5	5
*=	a *= 5	a = a * 5	50
/=	a /= 5	a = a / 5	2
%=	a %= 5	a = a % 5	0

复合赋值运算符这种写法十分有利于编译处理，能提高编译效率并产生质量较高的目标代码。示例 3.3 介绍了复合赋值运算符的用法。

示例 3.3：

```
/**
 * 复合赋值运算符
 * @version: 2018-4-8 10:20:20
 * @author: hopeful
 */
public class Demo3{
    public static void main(String []args){
        double shoes_price=98.8;
        System.out.println("鞋的价格为："+shoes_price);
        shoes_price *=0.8;
        System.out.println("打 8 折后鞋的价格为："+shoes_price);
    }
}
```

3.4 关系运算符与关系表达式

关系运算符就是用于测试两个操作数之间关系的符号，其中操作数可以是变量、常量或表达式，结果返回布尔值(true 或 false)。关系运算符有 6 种：等于、不等于、大于、大于等于、小于、小于等于。使用关系运算符连接的表达式叫做关系表达式。表 3-3 列出了 Java 语言中的关系运算符。

表 3-3　关系运算符

关系运算符	描　　述	表 达 式
>	检查一个操作数是否大于另一个操作数	a>b
<	检查一个操作数是否小于另一个操作数	a<b
>=	检查一个操作数是否大于等于另一个操作数	a＞=b
<=	检查一个操作数是否小于等于另一个操作数	a＜=b
= =	检查两个操作数是否相等	a= =b
!=	检查两个操作数是否不相等	a!=b

注意“= =”和“=”的区别，“=”是赋值运算符，代表要把右侧表达式的值赋给左边的变量，而“= =”是要检查左侧和右侧的值是否相等，如果相等则返回 true，否则返回 false。

示例 3.4：

```
/**
 * 关系运算符
 * @version: 2018-4-8 10:20:20
 * @author: hopeful
 */
public class Demo4{
    public static void main(String[] args){
        int a = 10, b = 20;
        System.out.println ("a = " + a + "， b = " + b);
        System.out.println ("a>b 表达式的结果为：" + (a > b));
        System.out.println ("a<b 表达式的结果为：" + (a < b));
        System.out.println ("a>=b 表达式的结果为：" + (a >= b));
        System.out.println ("a<=b 表达式的结果为：" + (a <= b));
        System.out.println ("a==b 表达式的结果为：" + (a == b));
        System.out.println ("a!=b 表达式的结果为：" + (a != b));
    }
}
```

运行结果如图 3-3 所示。

```
Problems  @ Javadoc  Declaration  Console ☒
<terminated> Demo4 [Java Application] D:\Program Files\Java\jdk
a = 10, b = 20
a>b 表达式的结果为：false
a<b 表达式的结果为：true
a>=b 表达式的结果为：false
a<=b 表达式的结果为：true
a==b 表达式的结果为：false
a!=b 表达式的结果为：true
```

图 3-3　关系运算符运行结果

一般情况下，我们并不会满足于得到是或非的结果，通常是针对不同的结果，做出判断，选择做不同的事情。例如：

```
如果(我的存款大于 5000 万元为真)
    造艘太空飞船遨游宇宙
否则
    继续埋头苦干，永不退缩
```

3.5 逻辑运算符与逻辑表达式

逻辑运算符用于测试两个操作数之间的逻辑关系，且这两个操作数必须是布尔类型(如关系表达式)，得到的结果也是布尔类型。通过逻辑运算符连接的结果为 boolean 型的变量或表达式叫做逻辑表达式。表 3-4 列出了 Java 中的逻辑运算符。

表 3-4 逻辑运算符

逻辑运算符	描 述	表 达 式
! (逻辑非)	将操作数的值改变，真反转为假，假反转为真	!a
&&(短路与)	只有两个条件都为真才返回真，否则返回假	a && b
||(短路或)	两个条件任意一个为真就返回真，两个均为假则返回假	a || b

示例 3.5：

```
/**
 * 逻辑运算符
 * @version: 2018-4-8 10:30:21
 * @author: hopeful
 */
public class Demo5{
    public static void main(String [] args){
        int a = 5,b = 10,c = 20;
        boolean r1,r2,r3;

        r1 = (a > b) && (c >= b);            //a>b 为假，整体返回假
        System.out.println ("\nr1 = " + r1);
        r2 = (a < b) || (c >= b);            //a<b 为真，整体返回真
        System.out.println ("\nr2 = " + r2);
           r3 = !r2;
         System.out.println ("\nr3= " + r3);
    }
}
```

运行结果为 r1=false，r2=true，r3=false。

由于以上三种逻辑运算符得到的结果是布尔类型，所以一般情况下，也会像对待关系运算符那样，把逻辑运算符得到的结果运用在程序内部作为中转。例如对于闰年的判断，

有以下条件之一成立的话，就是闰年，否则就是平年：

(1) 年数能被 400 整除。

(2) 年数能被 4 整除，但不能被 100 整除。

由于条件(1)、(2)之间是并列关系，所以使用逻辑或的关系表达，而第二个条件内部又包含了两个必须同时成立的条件，所以使用逻辑与的关系表达。假定年份为 year，则闰年的判断方法可用逻辑运算符表达。“伪代码”如下：

```
如果( year%400==0   ||   (year%4==0   &&   year%100!=0))
      year 年为闰年
否则
      year 年为平年
```

由于条件较多，为了让代码更易阅读，避免混淆，对第二个条件采用小括号包含。同学们思考一下，下面这种写法行不行呢？并分析原因。

```
如果( !(i%400!=0)   ||   !(i%4!=0   ||   i%100==0))
      year 年为闰年
否则
      year 年为平年
```

可能有同学会问，为什么叫做“短路与”、“短路或”呢？这就要看两个条件之中，前面那个条件是真还是假了，请看示例。

示例 3.6：

```
/**
 * 短路
 * @version: 2018-4-8 10:50:20
 * @author: hopeful
 */
public class Demo6{
    public static void main(String [] args){
        int a = 5, b = 10, c = 20;
        boolean r1, r2;

        r1 = (a > b) && (c++ >= b);
        System.out.println ("r1 = " + r1);
        System.out.println("c = " + c);

        c = 20;
        r2 = (a > b) || (c++ >= b);
        System.out.println ("\nr2 = " + r2);
        System.out.println("c = " + c);
    }
}
```

运行结果如图 3-4 所示。

```
Problems  @ Javadoc  Declaration  Console
<terminated> Demo6 [Java Application] D:\Program Files\Java\j
r1 = false
c = 20

r2 = true
c = 21
```

图 3-4　短路与、短路或运行结果

为什么都有进行自增的代码，只是把逻辑与改成了逻辑或，运行后 c 的值一个没有变化，一个却自增了 1 呢？其实这就是所谓“短路”的作用了。

对于短路与，需要两个条件均为真才返回真，如果第一个条件为假，则不会再判断第二个条件就返回假，所以对于“r1=(a>b) && (c++>=b)”，前半部分已经不满足条件，后半部分根本没有执行。

对于短路或，如果第一个条件为真，则不需要再判断第二个条件就返回真，对于“r2=(a>b) || (c++>=b)”，前半部分为假，这时程序才会继续判断第二个条件，从而让自增得以执行。

再如，x、y 的初值均是 0，那么分别经过下列逻辑比较运算后：

```
((y=1)= =0))&&((x=6)= =6));
((y=1)= =1))&&((x=6)= =6));
```

请同学们思考这两种情况下，运行结束后，x、y 的值分别是多少。

需要注意的是，像上面这个例子，只是为了便于大家理解逻辑运算符以及自增运算，很显然这种写法加大了阅读难度，所以不赞成各位在进行逻辑运算处理的同时加入算术运算。

3.6　条件运算符

条件运算符又称三元运算符，是“?”和“:”符号的组合，根据条件执行两个语句中的其中一个。它的一般形式如下：

```
test?语句 1:语句 2
```

test：任何 boolean 表达式。

语句 1：当 test 是 true 时执行的语句。可以是复合语句。

语句 2：当 test 是 false 时执行的语句。可以是复合语句。

示例 3.7 介绍了条件运算符的用法。

示例 3.7：

```
/**
 * 条件运算符
 * @version: 2018-4-8 11:01:28
 * @author: hopeful
 */
public class Demo7{
```

```
    public static void main(String []args){
        int num = 15;
        String str;
        str = (num%2==0) ? "num 是偶数！" : "num 是奇数！";
        System.out.println (str);
    }
}
```

运行后输出结果：num 是奇数！

3.7　运算符的优先级

在实际开发中，可能在一个运算符中出现多个运算符。那么计算时，就按照优先级别的高低进行计算，级别高的运算符先运算，级别低的运算符后计算。具体运算符的优先级如表 3-5 所示。

表 3-5　运算符优先级

次　序	运 算 符	结 合 性
1	括号，如( )和[ ]	从左到右
2	一元运算符，如+(正)、-(负)、++、--和!	从右到左
3	乘除算术运算符，如*、/和%	从左到右
4	加减算术运算符，如+(加)和-(减)	从左到右
5	大小关系运算符，如>、<、>=和<=	从左到右
6	相等关系运算符，如= =和! =	从左到右
7	与运算符，如&和&&	从左到右
8	异或运算符，如 ^	从左到右
9	或运算符，如| 和 ||	从左到右
10	条件运算符，如? :	从左到右
11	赋值运算符，如=、+=、-=、*=、/=和%=	从右到左

是不是有点眼花缭乱的感觉？其实主要把握住以下原则即可：

(1) 表 3-5 中优先级按照从高到低的顺序书写，也就是优先级次序为 1 的优先级最高，优先级次序为 11 的优先级最低。

(2) 结合性是指运算符结合的顺序，通常都是从左到右。从右向左的运算符最典型的就是负号。例如 3+-4，则意义为 3 加-4，符号首先和运算符右侧的内容结合。

(3) 其实在实际开发中，不需要去记忆运算符的优先级别，也不要刻意地使用运算符的优先级别，在不清楚优先级的地方使用小括号去进行替代。例如：

```
a+b * (c % d)+e &&(f || g)
```

这样书写的话，更方便编写代码，也便于代码的阅读和维护。

【单元小结】

表达式是操作数和运算符的集合。

- 赋值运算符的用法。
- 关系运算符测试两个操作数之间的关系，其值只能是 true 或 false。
- 逻辑运算符对两个 boolean 类型的操作数进行操作。
- 括号可以改变运算符之间的优先级顺序。

【单元自测】

1. 已知：int x=7, y=5;则 x%y 的值为(　　)。

   A. 5　　B. 7　　C. 0　　D. 2

2. (5>10) || (3<8)的计算结果为(　　)。

   A. 非 0　　B. true　　C. 0　　D. false

3. 10/6 的结果为(　　)。

   A. 1　　B. 1.6　　C. 1.7　　D. 2

4. 已知：int a=3, b=4, c=5;下列表达式的值为 false 的是(　　)。

   A. a && b　　B. a && b && c　　C. a||b+c&&c-b　　D. !(a<b&&!(c>9))

5. 已知：int a=5, b=7;表达式 a<b? b: a 的结果为(　　)。

   A. 0　　B. 5　　C. 7　　D.12

【上机实战】

上机目标

- 掌握常见的运算符与表达式
- 理解运算符的优先级

上机练习

◆ 第一阶段 ◆

练习 1：赋值表达式与算术表达式

【问题描述】

编写一个 Java 程序，定义两个整型变量，并使用赋值运算符对它们赋值，然后对这两个数字进行加、减、乘、除及取余、自增、自减的运算，并输出运算结果。

【问题分析】

本练习主要是巩固理论课中所学习的赋值运算符和算术运算符，这些运算符大多都很基本也很常用，一定要牢牢掌握。如果不太明白，最好回头阅读 3.3 节的内容，并与同学或老师讨论。

【参考步骤】

(1) 创建工程并创建测试类 ArithmeticTest。

(2) 编写并测试代码。

```
/**
 * 赋值表达式与算术表达式
 * @version:2018-4-8
 * @author:hopeful
 */
import java.util.Scanner;

public class ArithmeticTest {
    public static void main(String[] args) {
        int num1,num2;
        num1 = 100;

        Scanner scanner = new Scanner(System.in);
        num2 =scanner.nextInt();

        System.out.println("num1 = "+num1 +",num2 = " + num2);
        System.out.println("num1+num2 = " + (num1+num2));    //求和，注意这里的运算符优先次序
        System.out.println("num1/num2 = " + num1/num2);      //商，注意最终只保留整数部分
        System.out.println("num1-num2 = " + (num1-num2));    //差
        System.out.println("num1*num2 = " + num1*num2);      //积
        System.out.println("num1%num2 = " + num1%num2);      //取余

        num1++; //自增
        num2--; //自减
        System.out.println("num1 = "+num1 +",num2 = " + num2);
    }
}
```

(3) 运行程序，程序首先暂停等待用户输入数据(num2)，输入数据回车后，程序继续执行，结果如图 3-5 所示。

```
Problems  @ Javadoc  Declaration  Console
<terminated> ArithmeticTest [Java Application] D:\Program Files\Jav
11
num1 = 100,num2 = 11
num1+num2 = 111
num1/num2 = 9
num1-num2 = 89
num1*num2 = 1100
num1%num2 = 1
num1 = 101,num2 = 10
```

图 3-5　算术运算符与赋值运算符运行结果

练习 2：模拟超市购物

【问题描述】

某顾客去超市购买办公用品，购物清单如表 3-6 所示。

表 3-6 购物清单

商 品 名	单价/元	数量/个
钢笔	25	20
笔记本	3	10
书架	10	5

(1) 请计算该顾客消费金额，并打印购物小票(所有商品打 9 折)，如图 3-6 所示。

(2) 请计算该顾客获得的购物积分(每 100 元积 3 分)。

```
Problems  Javadoc  Declaration  Console  Progress  Terminal
<terminated> MarketTest [Java Application] D:\Program Files\Java\jdk1.8.0_161\bin\javaw.exe
×××××××*消费单*×××××××
品名    单价    数量    金额
钢笔    ￥25    20     ￥500
笔记本  ￥3     10     ￥30
书架    ￥10    5      ￥50

折扣：   9折
金额总计 ￥522.0
实际交费 ￥500
找钱    ￥78.0
本次交易所获的积分是：15
```

图 3-6 超市购物小票

【问题分析】

本练习同样是巩固理论课中所学习的赋值运算符和算术运算符。

【参考步骤】

创建类 MarketTest，编写代码：

```
/**
 * 模拟超市购物
 * @version: 2018-4-8
 * @author: hopeful
 */
public class MarketTest {
    public static void main(String[] args) {
        int penPrice = 25;              //钢笔价格
        int bookPrice = 3;              //笔记本价格
        int bookcasePrice = 10;         //书架价格
        int penNo = 20;                 //钢笔数目
        int bookNo = 10;                //笔记本数目
        int bookcaseNo = 5;             //书架数目
        double discount = 0.9;

        /* 计算应交总金额 */
        double finalPay = (penPrice * penNo + bookPrice * bookNo + bookcasePrice * bookcaseNo) * discount;
```

```
        /* 计算找钱 */
        double returnMoney = 600 - finalPay;
        /* 打印购物小票 */
        System.out.println("*******消费单*******");
        System.out.println("品名\t" + "单价\t" + "数量\t" + "金额\t");
System.out.println("钢笔\t" + "￥" + penPrice + "\t" + penNo + "\t" + "￥" + (penPrice * penNo) + "\t");
System.out.println("笔记本\t" + "￥" + bookPrice + "\t" + bookNo + "\t" + "￥" + (bookPrice * bookNo)
+ "\t");
System.out.println("书架\t" + "￥" + bookcasePrice + "\t" + bookcaseNo + "\t" + "￥" + (bookcasePrice *
bookcaseNo) + "\t\n");
        System.out.println("折扣：\t9 折");
        System.out.println("金额总计\t" + "￥" + finalPay);
        System.out.println("实际交费\t￥500");
        System.out.println("找钱\t" + "￥" + returnMoney);
        /* 本次交易所获积分 */
        int score = (int) finalPay / 100 * 3;
        System.out.println("本次交易所获的积分是：  " + score);
    }
}
```

◆ 第二阶段 ◆

练习 3：多边形面积程序

【问题描述】

编写一个 Java 程序，用来计算长方形及圆的面积，并显示结果，需要的数据由用户输入。运行效果如图 3-7 所示。

```
Problems  Javadoc  Declaration  Console
<terminated> Square [Java Application] D:\Program Files\Java\
请输入长方形的长：6.5
请输入长方形的宽：5
请输入圆的半径：10
长方形的面积为：32.5
圆的面积为：314.0
```

图 3-7　长方形和圆形面积运行结果

【问题分析】

我们知道，长方形面积=长×宽；圆面积=π×半径^2。所以要求出长方形的面积，必须知道长方形的长和宽；要求出圆的面积，必须知道圆的半径。因此，要先通过 Scanner 让用户输入这些信息。

练习 4：模拟抽奖

【问题描述】

某商家为回报顾客，特举行幸运抽奖活动，如果顾客所持卡的卡号(4 位数字)上所有数字之和能被 8 整除，且 4 个数字都不是 8，即可获得奖品一份。现在编程实现计算卡号上所有数字之和的功能。效果如图 3-8 所示。

```
Problems @ Javadoc Declaration Console ☒ Pr
<terminated> LuckyDraw [Java Application] D:\Program Files\Java\
请输入您的卡号(4位数字):
3597
您的卡号个位数为:7
您的卡号十位数为:9
您的卡号百位数为:5
您的卡号千位数为:3
您的卡号所有数之和为:24
您是否中奖:true
```

图 3-8　幸运抽奖运行结果

【问题分析】

对于一个数字 n，如何把 n 的个位、十位等拆分出来呢？其实很简单，我们知道，任何一个数字的组成方式都是：个位+十位×10+百位×100+…，由此一来，如果要得到个位，只需要将 n 对 10 取余数就可以了；如果要得到百位，可以让 n=n/10，先把个位“去掉”(还记得吗？整数相除得整数：1234/10=123，123/10=12)，再让结果对 10 取余数，以此类推，可以把所有位置上的数字都拿出来。

拿出来每个数字后，进行求和，并对每个数字和 8 进行比较，以此判定该顾客是否中奖。

但是还有个问题，就目前来说，必须要知道这个数字共有几位(这就是题目中为什么要说明是4 位数的原因)，不然用户输入任意位数一个数字，不能确定需要对 10 取余多少次，要解决这个问题，需要后面要介绍的分支和循环的知识。

【拓展作业】

1. 编写一个程序，计算已知的 3 个数字的和、平均值。
2. 编写一个程序，计算已知长和宽的长方形的周长。
3. 一个员工基本工资是 2000 元，本月销售额为 10 000 元，提成为销售额的 3%，计算该员工本月的总工资。
4. 已知一个华氏温度，要求输出摄氏温度，公式为 c=5/9*(F-32)。
5. 根据用户输入的三角形的三个边长，判断三角形是不是直角三角形。

单元 四

分支结构的应用

课程目标

- ▶ 掌握 if 条件结构
- ▶ 掌握多重 if 语句
- ▶ 掌握嵌套 if 语句
- ▶ 掌握 switch 结构

简 介

之前编写的程序都是“顺序”执行的，也就是说，代码从上到下一行一行地执行，我们并未编写任何分支(选择)、循环(重复)等逻辑代码。但是在现实生活中，这样的需求是存在的。例如，班主任需要对学员综合成绩进行判断，从而决定是否给予奖学金，在没有判断之前，并不确定是否要发放奖学金；银行需要对客户做出分析，以此判定客户的信用等级，并提供不同额度的贷款。这些都属于分支结构，也就是说，并不是所有流程都会得到执行，而是只执行其中一个或者一部分流程，其余的流程由于不符合条件而不执行。循环结构也很常见，循环就意味着重复。例如，地球自转、公转是一个重复执行的行为，超市收银员扫描客户商品也是一种重复执行的行为。

在程序中，可以通过控制语句来有条件地选择执行语句或者重复执行某个语句块。Java的控制语句有：

- if-else 语句
- switch 语句
- while 和 do-while 语句
- for 语句
- 跳转语句
- 异常处理语句

对于这两种结构，再加上之前学习的顺序结构，组成了本书中 Java 语言的三大程序流程结构，这是 Java 基础最核心的内容之一，在各位随后的编程生涯里，应当能做到随手拈来。

本单元针对分支结构做出详细透彻的讲解，要求同学们掌握 if-else、switch 语句，在单元五和单元六，将会学习循环结构。

4.1 块作用域

在介绍控制结构之前，有必要先了解一下“代码块”的概念。

“代码块”，通俗地说就是“一块代码”，也就是指多行代码放在一起的状态，在 Java 语言中，怎么定义一个代码块呢？很简单，只需要将这部分代码用大括号括起来即可，例如在 main 方法内定义一个代码块。

示例 4.1：

```
/**
 * 块作用域
 * @version:2018-4-12
 * @author:hopeful
 */
public class BlockDemo {
    public static void main(String[] args) {
```

```
        int bookPrice = 23;
        System.out.println("bookPricc = " + bookPrice);
        {
            bookPrice--;
            System.out.println("bookPrice = " + bookPrice);
        }
         System.out.println("bookPrice = " + bookPrice);
    }
}
```

运行程序一切正常，分别输出 bookPrice 为 23、22、22。这说明代码块内可以使用代码块外定义的变量，并能对外部的变量做出更改。那么代码块内定义的变量能不能被外部使用呢？接着做如下实验。

示例 4.2：

```
/**
 * 块作用域
 * @version:2018-4-12
 * @author:hopeful
 */
public class BlockDemo2 {
    public static void main(String[] args) {
        {
            int bookPrice = 23;
        }
        System.out.println(bookPrice);
    }
}
```

可以看到，Eclipse 直接给出了错误指示，指出找不到 bookPrice。所以代码块内部定义的变量是不能被外部使用的，这就涉及“作用域”的概念。作用域是指某个变量能起作用的区域，通俗地说，就是变量都能在什么范围使用。根据以上示例得出：代码块内部定义的变量，其作用域仅限于该代码块内部。

为进一步理解作用域概念，请看以下两个示例，并对结果做出解释。

示例 4.3：

```
/**
 * 块作用域
 * @version:2018-4-12
 * @author:hopeful
 */
public class BlockDemo3 {
    public static void main(String[] args) {
        int bookPrice = 22;
        {
            int bookPrice = 23;
            System.out.println(bookPrice);
```

```
        }
        System.out.println(bookPrice);
    }
}
```

示例 4.3 将报错，提示变量重复定义。下面稍微变化一下。

示例 4.4：

```
/**
 * 块作用域
 * @version:2018-4-12
 * @author:hopeful
 */
public class BlockDemo4 {
    public static void main(String[] args) {
        {
            int bookPrice = 23;
            System.out.println(bookPrice);
        }
        int bookPrice = 22;
        System.out.println(bookPrice);
    }
}
```

示例 4.4 没有任何错误，正常输出 23、22。

4.2 分支结构之 if-else

4.2.1 if 语句

在 Java 语言中，最简单的分支结构就是 if 语句。if 语句将根据条件真或假，判断是否执行 if 的从属语句，如图 4-1 所示。

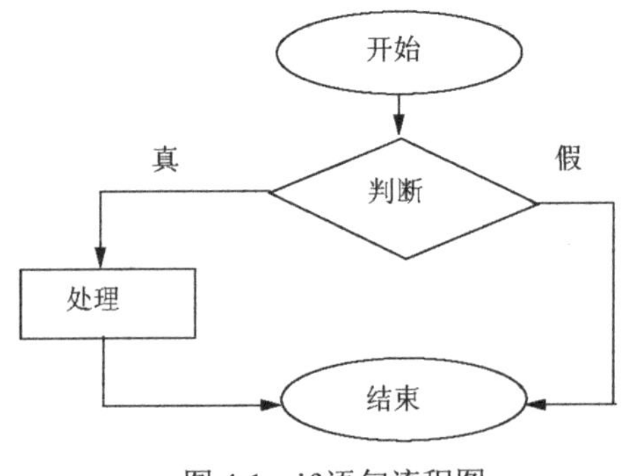

图 4-1　if 语句流程图

例如，用程序描述如果今天不下雨，就去踢球。与单元三一样，采用“伪代码”的方式描述：

```
如果(isRaining==false)
        System.out.println("大家去踢球");
```

接下来需要对伪代码进行“翻译”，转换为真正能在程序中运行的 Java 语句，其实很简单，在 Java 语言中(英文中也是这样)，“如果”用 if 来表达，所以将伪代码改写为：

```
if(isRaining == false)
        System.out.println("大家去踢球");
```

这已经是能够正常运行的 Java 代码了，需要注意 if 语句的格式为：

```
if(条件){
        要做的事情
}
```

可以看到在 if 语句后加了大括号，使要做的事情成为一个代码块，这么做有什么用处呢？请看下例，如果不下雨，男同学去踢球，女同学去逛街。

示例 4.5：

```
/**
 * if 语句
 *
 * @version:2018-4-12
 * @author:hopeful
 */
public class FootballDemo {
        public static void main(String[] args) {
                boolean isRaining = false;// 是否下雨
                if (isRaining == false)
                        System.out.println("男生去踢球!");
                        System.out.println("女生去逛街!");
        }
}
```

好了来执行一下，程序初始条件是不下雨(false)，所以 if 语句条件成立，会发现程序正确输出了男生和女生分别要做的事。运行效果如图 4-2 所示。

```
Problems @ Javadoc Declaration Console
<terminated> FootballDemo [Java Application] D:\Program
男生去踢球!
女生去逛街!
```

图 4-2　if 语句条件成立时的运行效果

但如果天公不作美，偏偏要下雨呢？把 isRaining=false 改为 isRaining=true 试试看，应该来说，一旦下雨，男生肯定不踢球，女生肯定也不会逛街了。再次运行程序，如图 4-3 所示。

Problems @ Javadoc Declaration Console
<terminated> FootballDemo [Java Application] D:\Program
女生去逛街!

图 4-3　if 语句条件不成立时的运行效果

奇怪了，不是说女生不下雨才去逛街的吗？怎么现在不管下不下雨都要去逛街了？

其实，这个问题不怪别人，这是由于程序的问题才导致的。在程序中，if 语句后跟了两条语句，我们的本意是要这两条语句在 if 语句条件成立时才执行，所以，应该让这两条语句都跟随 if 语句，但现在其实只有“男生去踢球”在 if 语句后面，“女生去逛街”其实和 if 语句没有任何关系。所以说，如果条件成立时，希望做多件事情，那么必须要用大括号把这些事情括起来，使之成为一个代码块。当然，如果只做一件事情，则不使用大括号括起来也没有错误。

在随后的编程中，为了让代码尽量少犯错误，更易阅读，应该在每一个 if 后面加上大括号。

有了“如果”，当然就有“否则”，下面讨论“如果-否则”结构。

4.2.2　if-else 语句

if-else 结构根据一个布尔值的真假来选择做不同的事情，即“如果……否则……”。其实大家并不陌生，早在单元三，就已经学习过类似的程序逻辑了，那就是条件运算符(三元运算符)。其实 if-else 只不过是条件运算符的完整写法而已。它的流程如图 4-4 所示。

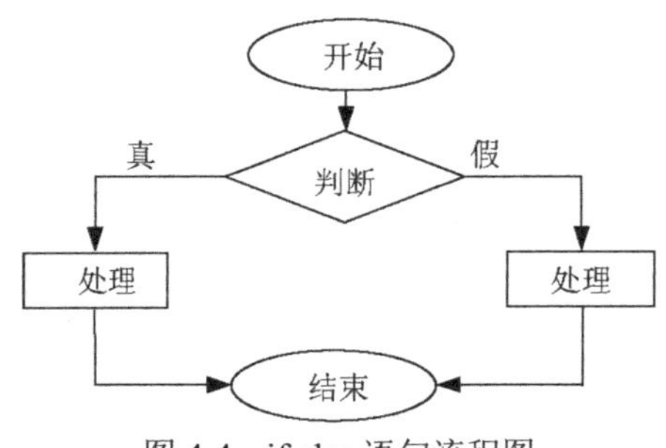

图 4-4　if-else 语句流程图

例如你是老板，你想有一个程序能够帮你计算员工的周薪，员工的周工时(hours)如果低于 40，每小时薪水为 rate，如果员工由于加班，周工时超过了 40 个小时，超过 40 个小时的部分按照 1.5 倍时薪计算。那么如何设计这个程序呢？可能有些同学直接就写出来了：

```
Pay=40 * rate+1.5 * (hours-40 ) * rate;
```

那么这么写对不对呢？很显然，如果员工周工时低于 40 个小时，那么这么计算就不对了。这个问题需要分为两种不同的情况进行判断，根据周工时是否高于 40 个小时来分别计算。描述如下：

```
如果(hours < 40){
    pay = hours * rate;
}
否则{
    pay = 40 * rate + 1.5 * (hours - 40 ) * rate;
}
```

这才是正确地计算周薪的程序，如果员工周工作时低于 40 个小时，周薪为周工作时乘以基本时薪，如果周工作时高于 40 个小时，高出的部分将乘以 1.5 倍时薪。判断的条件是“是否高于 40 小时”，是一个 boolean 值。

接下来进行“翻译”。刚才已经知道了“如果”用 if 来表达，Java 语言中，“否则”使用 else 来表达，它们组合起来称为 if-else 分支结构，用来对不同的情况进行分支判断，程序因而转向不同的代码。只需要对伪代码完成简单替换就行了：

```
if(hours < 40){
    pay  =  hours * rate;
}
else{
    pay  =  40 * rate  +  1.5 * (hours - 40 ) * rate;
}
```

现在编写出完整的程序。

示例 4.6：

```
/**
 * 计算工资
 *
 * @version:2018-4-12
 * @author:hopeful
 */
import java.util.Scanner;

public class PayDemo {
    public static void main(String[] args) {
        float pay = 0 ;             //周薪
        int rate = 55;              //时薪
        int hours ;                 //周工作小时数
        Scanner scanner = new Scanner(System.in);
        System.out.println("请输入员工上周工作小时数：");
        hours = scanner.nextInt();
        //计算工资算法
        if(hours < 40){
            pay = hours * rate ;
        }
        else{
            pay = 40 * rate + 1.5f * (hours - 40) * rate;
        }
```

```
            System.out.println("该员工上周工资为：" + pay);
        }
    }
```

可以看到，斜体部分的代码，正是本程序最核心的算法，由以上分析得来。在分支结构中，程序并不会顺序执行所有代码，而是根据条件判断，转向不同的分支。运行程序，输入工时，结果如图 4-5 和图 4-6 所示。

图 4-5　高于 40 个小时的情况

```
Problems @ Javadoc Declaration Console
<terminated> PayDemo [Java Application] D:\Program Files\
请输入员工上周工作小时数：
30
该员工上周工资为：1650.0
```

图 4-6　低于 40 个小时的情况

需要注意，else 不能单独使用，必须和 if 语句搭配(生活中，也不可能直接就说“否则，……”)。

在某些情况下，条件可能有多个，分支较多，这时可以采取 if 语句的嵌套来实现。

4.2.3　嵌套 if 语句

嵌套 if 语句可以在条件内，针对真或假的情况，再指定条件进行判断，从而拥有执行更多分支的功能。嵌套 if 语句流程图如图 4-7 所示。

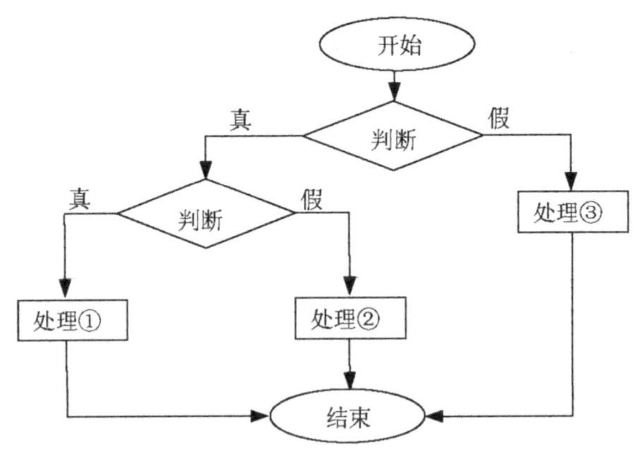

图 4-7　嵌套 if-else 语句流程图

图 4-7 只指定了外层判断为真时内层嵌套 if 的情况，其实，在图中①～③的地方，均可替换为条件判断语句，从而实现更深层次的条件嵌套。

例如，对于一个三角形来说，它的三条边长都应该是大于零的，另外，还必须满足的条件就是，任意两边边长之和应该大于第三边。假设现在有 a、b、c 三个数字，要判断它们三个能否组成一个三角形，这样的程序该如何设计呢？先用伪代码描述：

```
如果(a>0 && b>0 && c>0){
    如果(a+b>c && a+c>b && b+c>a){
        打印：这三个数字可以组成三角形
    }
    否则{
        打印：这三个数字不能组成三角形
    }
    }否则{
        打印：错误，三角形的三边都必须大于 0
}
```

先理清思路，然后完善代码。

示例 4.7：

```java
/**
 * 能否组成三角形
 *
 * @version:2018-4-12
 * @author:hopeful
 */
public class TriangleDemo {
    public static void main(String[] args) {
        int a = 1;
        int b = 2;
        int c = 3;
        if (a > 0 && b > 0 && c > 0) {
            if (a + b > c && a + c > b && b + c > a) {
                System.out.println("这三个数字能够组成三角形！");
            } else {
                System.out.println("这三个数字不能组成三角形！");
            }
        } else {
            System.out.println("三角形的三条边必须是正数！");
        }
    }
}
```

程序中的测试数据分别为 1、2、3，运行程序可以看到结果为“这三个数字不能组成三角形！”。如果把 a 的值改为-1，则提示“三角形的三条边必须是正数！”，把 a 的值改为 2，提示“这三个数字能够组成三角形！”，可见程序完全正确。

由于本程序出现了两个 if 和两个 else，在上一小节提到：else 必须和 if 语句搭配出现，那么，两个 else 分别和两个 if 语句的哪一个匹配呢？这其中还有什么规律？请同学们结合代码块大括号的开始和结束进行讨论。

另外一点，可能大家已经思考了，对于这个题目，如果判断是不是一个三角形，只用一个 if 语句能不能完成呢？当然没有问题。把两个 if 语句内的条件用“&&”连起来，也可以达到判断的目的，但是如果这么做，当不能组成三角形时，就不能知道确切的原因了。所以往往要根据实际应用情况来决定是采用一个 if-else 语句还是采用嵌套 if-else 语句。

4.2.4　多重 if 语句

某些情况下，需要对一系列对等的条件进行判断，从而决定采用什么样的解决办法。例如，对于学员的成绩来说，不同的分数对应不同的等级。对于这类问题来说，使用之前讲述的 if 语句很难解决，或写法不简洁，可读性较差，但使用多重 if 语句将能很好地解决。多重 if 语句的语法如下：

```
if (表达式 1)
        语句 1;
else if (表达式 2)
     语句 2;
else if (表达式 3)
     语句 3;
.
.
.
else
     语句 n;
```

这种结构从上到下逐个对条件进行判断，一旦发现条件满足就执行与该条件相关的语句，并跳过其他条件判断；若没有一个条件满足，则执行最后一个 else 后的语句 n；如果没有最后的 else 语句，则不执行任何操作，并且控制权将转移到 if-else-if 结构后的下一条语句。同样，如果每一个条件中有多于一条语句要执行，则必须使用“{”和“}”把这些语句括起来。

从语法可以看出，多重 if 语句的流程图如图 4-8 所示(假设只有三个条件判断)。

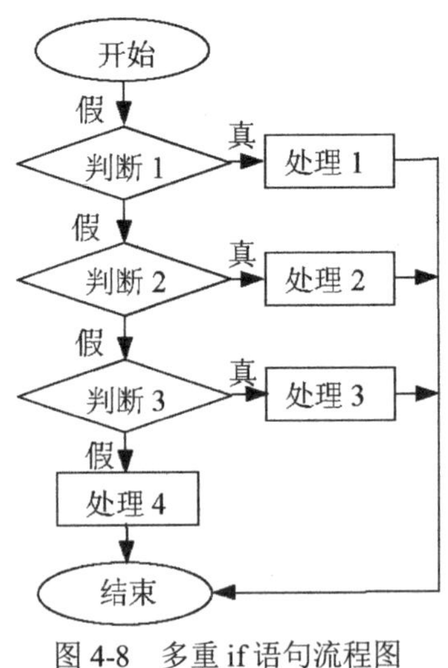

图 4-8　多重 if 语句流程图

假如学员的考试等级依据考试成绩来判断，规则为：成绩大于等于 90 分等级为 A，成绩大于等于 80 分小于 90 分等级为 B，成绩大于等于 70 分小于 80 分输出 C，成绩大于等于 60 分和小于 70 分等级为 D，成绩小于 60 分输出 E。下面程序首先要求学员输入成绩，然后输出对应的等级。

示例 4.8：

```
/**
 * 根据分数计算等级
 *
 * @version: 2018-4-12
 * @author: hopeful
 */
import java.util.Scanner;

public class GradeTest {
    public static void main(String[] args) {
        int score;              //分数
        char grade;             //等级
        Scanner scanner = new Scanner(System.in);
        System.out.println("请输入分数：");
        score = scanner.nextInt();
        if (score >= 90) {
            grade = 'A';
        } else if (score >= 80) { //①
            grade = 'B';
        } else if (score >= 70) { //②
            grade = 'C';
        } else if (score >= 60) {
            grade = 'D';
        } else {
            grade = 'E';
        }
        System.out.println("分数为：" + score);
        System.out.println("等级为：" + grade);
    }
}
```

运行结果如图 4-9 所示。

```
Problems  Javadoc  Declaration  Console
<terminated> GradeTest [Java Application] D:\Program Files\
请输入分数：
80
分数为：80
等级为：B
```

图 4-9　多重 if 语句运行结果

本实例中输入的考试成绩 80 存储在变量 score 中，然后使用 if-else-if 结构判断 score 变量中的值满足哪个 if 语句中的条件。如果第一个 if 条件返回的结果为假，则执行其后的

else if 语句，依次检查每个条件直到找到正确的匹配项，或者到达该结构尾的 else 语句。

同学们需要重点理解“else if(条件)”语句中“条件”的含义，例如上例 else if(score>=80)其实并不意味着只要分数大于等于 80，就满足条件，而是指在不满足以上条件的基础之上，如果满足当前条件，就执行该分支。所以 else if(score>=80)，其实是指成绩首先要小于 90，然后要大于等于 80。所有的条件区间之和应当包含整个数轴且不重合。请各位思考一下，示例 4.8 中注释①和②的两行条件交换的话，会有什么影响。

4.3　分支结构之 switch

4.2 节通过实例讲解了 if-else 语句、嵌套 if 语句和多重 if 语句，我们要重点掌握它们的含义和适用的场合。根据以上讲解，我们得出：

- if-else：只有一个条件分支时使用。
- 嵌套 if：多个条件时使用。
- 多重 if：多个分支时使用。

对于多重 if 语句，由于其写法较为繁杂，性能也低下，故 Java 等语言提供了另一种多分支结构：switch 结构，它可以替换某些多重 if 语句，使得程序代码阅读性大大提高，性能也得到提升。switch 结构的语法为：

```
switch (expression){
case value1 :
      statement1;
      break;
case value2 :
      statement2;
      break;
.
.
.
case valueN :
      statemendN;
      break;
[default : defaultStatement; ]
}
```

通俗地说，switch 语句的执行过程如下：表达式 expression 的值与每个 case 语句中的常量做比较。如果发现了一个与之相匹配的，则执行该 case 语句后的代码，如果没有一个 case 常量与表达式的值相匹配，则执行 default 语句。当然，default 语句是可选的，如果没有相匹配的 case 语句，也没有 default 语句，则什么也不执行。

在 case 语句序列中的 break 语句将引起程序流从整个 switch 语句中退出。当遇到一个 break 语句时，程序将从整个 switch 语句后的第一行代码开始继续执行。当然，在一些特殊情况下，多个不同的 case 值若要执行一组相同的操作，则可以不用 break。

要注意，expression 的值只能是数字类型，如 byte、short、int、char 等。不可以是浮点型数据，这是 switch 语句比多重 if 语句受限制的地方。另外，case 子句中的值 value1 必须是常量，而且所有 case 子句中的值应是不同的。

例如，根据用户输入的运算符号，计算两个数字运算的结果。

示例 4.9：

```
/**
 * 使用 switch-case 判断输入字符
 *
 * @version: 2018-4-13
 * @author: hopeful
 */
import java.util.Scanner;

public class CalDemo {
    public static void main(String[] args) {
        int num1 = 10,num2 = 4,result;
        String line;
        char sign;
        Scanner scanner = new Scanner(System.in);
        System.out.println("num1="+num1+",num2="+num2);
        System.out.println("请输入运算符号:");
        line = scanner.nextLine();      //读取一行数据
        sign = line.charAt(0);          //获得字符串的第一个字符
        switch(sign){
            case '+':
                result = num1 + num2;
                break;
            case '-':
                result = num1 - num2;
                break;
            case '*':
                result = num1 * num2;
                break;
            case '/':
                result = num1 / num2;
                break;
            case '%':
                result = num1 % num2;
                break;
            default:
                System.out.println("运算符号错误!");
                result = -1;            //若运算错误，结果置为-1
        }
        System.out.println("num1 "+ sign +" num2 = " + result);
    }
}
```

其中字符串变量 line＝scanner.nextLine()表示读取用户输入的一行数据，而 sign=line.charAt(0)表示获得字符串的第一个字符，即运算符号。

运行程序结果如图 4-10 所示。

当输入不正确的运算符号时，由于没有任何 case 常量和该符号匹配，则执行 default 语句，如图 4-11 所示。

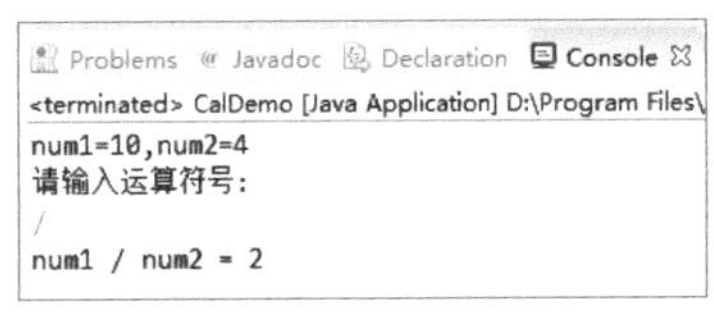

图 4-10　switch 语句运行结果

图 4-11　执行 default 语句

再次强调：switch 语句不同于 if 语句的是，switch 语句仅能测试相等的情况，而 if 语句可计算任何类型的布尔表达式。也就是说，switch 语句只能寻找 case 常量间某个值与表达式的值是否相匹配，匹配则执行该分支，不匹配就继续往下找其余的 case 常量，直至 default 语句。

4.4　常见问题

本单元讨论了程序流程的分支结构，重点讲解了程序的块作用域、if 语句和 switch 语句的用法。很显然，分支结构将在随后普遍用到，虽然它们都很简单，但也可能由于初学者使用不熟练而造成一些问题，下面加以总结。

问题 1：作用域问题

```
int hour = 12;
if(hour>12){
    int minute = 30;
}else{
    System.out.println("minute="+minute);
}
```

如上，minute 变量是在 if 语句内定义的，不能在它所在的大括号外使用。

问题 2：if-else 匹配问题

```
if(age > 18)
    System.out.println("通过");
    if(health)
        System.out.println("录用");
    else
        System.out.println("不录用");
else
    System.out.println("不通过");
```

对于类似以上问题，统一解决办法是为每一个 if-else 加上大括号。

问题 3：switch 语句处理范围

```
long length = 10;
switch(length){
    //...
}
```

出于效率方面的考虑，switch 语句设定为只处理 int 类型的数据，如 byte、short、int、char 等；不处理 long 和浮点型数据。

问题 4：case 问题

```
int month = 8, days ;
switch(month){
    case 2:
        days = 28;
        break;
    case 1,3,5,7,8,10,12:
        days = 31;
        break;
    case 4,6,9,11:
        days = 30;
        break;
    default:
        System.out.println("月份错误！");
}
```

每个 case 只能处理一种情况，所以这种写法是错误的。另外，case 后只能跟常量，所以也不能出现如“case a==1 :”的情况。

问题 5：if 语句中赋值运算符和关系运算符

```
int age=10;
if(age=10){
...
}
```

请观察上述代码，发现什么问题？代码中错误地把关系对比“age==10”写成了“age=10”，这也是初学者常犯的错误之一。

【单元小结】

- if-else 语句根据判定条件的真假来执行两种操作中的一种。
- 嵌套 if 语句是指该 if 语句为另一个 if 或者 else 语句的对象。
- 多重 if 语句一旦找到为真的条件，就执行与它关联的语句，该阶段的其他部分就被忽略了。

- switch 语句是多路分支语句，根据 case 常量匹配来决定是否执行该分支，break 跳出 switch 结构，若无 break 则一直往下执行。

【单元自测】

1. 以下代码段运行后

```
System.out.println ("shili_1!");
if(1 != 1)
System.out.println ("shili_2!");
System.out.println ("shili_3!");
```

正确的输出是(　　)。

A. shili_1!shili_2!shili_3!

B. shili_1!shili_3!

C. shili_1!
shili_2!
shili_3!

D. shili_1!
shili_3!

2. 以下代码段输出结果为(　　)。

```
int i = 5;
if(i < 3){
        if(i > 0 ){
            System.out.println ("ok!");
        }else{
            System.out.println ("yes!");
        }
}else{
        System.out.println ("no!");
}
```

A. ok!　　B. yes　　C. no!　　D. ok!　　no!

3. 下列说法中不正确的是(　　)。

A. if 语句中可以没有 else

B. switch 后可以没有 default

C. switch 后可以没有 case

D. case 后只能跟常量

4. 下面的代码段

```
switch(i){
        case 0:
        case 1:
            System.out.println ("输出 1!");
        case 2:
        case 3:
            System.out.println ("输出 3!");
        case 4:
        case 5:
            System.out.println ("输出 5!");
```

```
    }
```

若 i 的值为 3 的时候程序会输出(　　)。

A. 输出 1！

B. 输出 1！
输出 5！

C. 输出 3！
输出 5！

D. 输出 5！

5. 下面的代码段

```
if(i == 5){
        System.out.println ("值为 5！");
    }else if(i > 5){
        System.out.println ("值大于 5！");
    }else{
        System.out.println ("值不为 5！");
    }
```

当 i 的值为 6 的时候程序会输出(　　)。

A. 值为 5！

B. 值大于 5！

C. 值不为 5！

D. 值大于 5！值不为 5！

【上机实战】

上机目标

- 掌握 if 语句的使用
- 掌握复杂 if 语句的使用
- 掌握 switch 语句的使用

上机练习

◆ 第一阶段 ◆

练习 1：使用 if-else 判断年份是不是闰年

【问题描述】

给定一个年份，判断该年份是不是闰年。

【问题分析】

根据单元三的讲解，我们知道一个年份如果是闰年，必须满足以下条件之一：

(1) 年数能被 400 整除。

(2) 年数能被 4 整除，但不能被 100 整除。

若不满足则是平年。

由此编写代码。

【参考步骤】

(1) 创建文件 LeapYear.java。

(2) 编写代码。

```
/**
 * 一个简单的应用程序，用来说明 if-else 分支结构的使用。
 * 程序功能：输入一个年份，判断是否为闰年
 *
 * @verson：2018 年 4 月
 */
import java.util.Scanner;

/** 类 LeapYear */
public class LeapYear {
    public static void main(String [] args){
        //从键盘输入年份存放到变量 year 中
        Scanner scanner = new Scanner(System.in);
        int year = scanner.nextInt();
        //用 if-else 结构判断 year 中的年份是否为闰年
        if (year % 4 == 0 && year % 100 != 0 || year % 400 == 0) {
            System.out.println("year " + year + " is a leap year.");
        } else {
            System.out.println("year " + year + " is not a leap year.");
        }
    }
}
```

练习 2：使用 if-else if 根据销售人员实际完成的销售值的不同分别输出不同的信息，并发给不同的红利

【问题描述】

在各个公司的销售部门，销售人员一般来说都会有年度、月度计划，当销售人员完成计划超过一定比例时，会有一定的红利奖金。例如，实际销售值达到或超出销售任务的 2 倍，发放奖金 1000 元；1.5 倍与 2 倍之间，发放 500 元奖金；1 倍与 1.5 倍之间，发放 100 元奖金；如果没有完成任务，将被解雇。

【问题分析】

对于这种多分支情况，很显然不能用 switch 语句来完成，switch 不能用来判断某个范围，只能用 if-else if。

【参考步骤】

(1) 创建文件 SalesTest.java。

(2) 编写代码。

```
import java.util.Scanner;

/**
 * 一个简单的应用程序，用来说明 if-else if 分支结构的使用。
 * 程序功能：根据销售人员实际完成的销售值的不同分别输出不同的信息，并发放不同的红利
 *
 * @verson：2018 年 4 月
 */

/** 类 SalesTest */
public class SalesTest {
    public static void main(String args[]) {
        int task = 30; //销售任务
        int bonus; //红利
        //从键盘输入实际完成的销售值存放到变量 yourSales 中
        Scanner scanner = new Scanner(System.in);
        System.out.println("Input your Sales : ");
        int yourSales = scanner.nextInt();
        //下面用 if-else if 结构判断 yourSales 的大小，决定红利的多少并输出不同的信息
        if (yourSales >= 2 * task) //实际销售值达到或超出销售任务的 2 倍
        {
            bonus = 1000;
            System.out.println("Excellent！ bonus = " + bonus);
        } else if (yourSales >= 1.5 * task) //达到或超出 1.5 倍，但小于 2 倍
        {
            bonus = 500;
            System.out.println("Fine！ bonus = " + bonus);
        } else if (yourSales >= task) //达到或超出销售任务，但小于 1.5 倍
        {
            bonus = 100;
            System.out.println("Satisfactory！ bonus = " + bonus);
        } else //未完成销售任务
        {
            System.out.println("You are fired！ ");
        }
    }
}
```

◆ 第二阶段 ◆

练习 3：使用 switch 实现报数游戏

【问题描述】

A、B、C、D、E、F、G、H 共八人站成一排，按图示方法从 1 开始报数，求谁先报

到 8 411 250。

A　B　C　D　E　F　G　H

1 → 2 → 3 → 4 → 5 → 6 → 7 → 8

15← 14 ← 13 ←12 ←11← 10← 9 ←

→ 16 → 17 →18…

【问题分析】

由于共 8 个人，所以由 A 起，每报 14 个数，便又回到 A，形成每 14 个数为一个周期的重复。8 411 250 便是其某一个周期中的一个数。我们只关心 8 411 250 是该周期中的第几个数，而不关心是第几个周期。用求模运算 8 411 250%14 很容易求出它是某周期的第几个数来。根据它是第几个数便可以按图示对应关系找到是谁报了这个数。

练习 4：对三个数字排序

【问题描述】

对任意给定的三个数字，把三个数字按照由低到高的顺序排序，并输出结果。

【问题分析】

这里涉及排序问题，在计算机基础课程中的“算法”一章有所提及，这里可以采取冒泡排序法的思想，手工排序。

练习 5：使用 switch 和 if 语句解决出租车车费问题

【问题描述】

某市不同车牌的出租车3千米的起步价和计费分别为：夏利3元，3千米以外，2.1元/千米；富康4元，3千米以外，2.4元/千米；桑塔纳5元，3千米以外，2.7元/千米。编程实现从键盘输入乘车的车型及行车千米数，输出应付车费。

【问题分析】

首先需要确定乘客乘坐的是什么类型的出租车，可以使用 1～3 分别表示三种车型。输入车型后，使用 switch 语句进行判断，在每一个 case 内部，根据用户乘坐的千米数，使用 if 语句判断是否超过起步距离，从而计算出应付车费。

【拓展作业】

1. 使用 switch 和 if 语句算出今天是今年的第几天(提示：以 3 月 3 日为例，应该先把前两个月的天数加起来，然后再加上 3 天即为本年的第几天；需要考虑闰年的情况，如果输入的年份是闰年且输入的月份大于或等于 3，需要多加 1 天)。

2. 编写一个程序，根据用户输入的一个字符，判断该字符是不是字母，如果是字母，判断该字母是声母还是韵母，是大写字母还是小写字母；如果不是字母，则输出“你输入的字符不是字母”。

单元 五

循环结构的应用

课程目标

- ▶ 理解循环四要素
- ▶ 掌握 while 循环
- ▶ 掌握 do-while 循环
- ▶ 掌握 for 循环

简 介

上一单元讨论了分支结构，用于当程序流程出现不同分支时的处理，本单元及下一单元将讨论程序结构的第三个部分：循环结构(loop)，循环结构用于处理程序重复执行的情况。本单元先简要讲解各种循环的基本写法，内容分为 while 循环、do-while 循环及 for 循环，在使用上，三种写法基本是可以互换的，所以本单元要把重点放在循环的理解上，要明白循环是什么、什么情况下使用循环，以及如何编写循环。另外，一个循环有四个要素，即循环的起点、终点、如何从起点变化到终点，以及每次循环的过程中发生了什么事。在下一单元中，将进一步讲解多重循环。

5.1 使用循环的原因

在不少实际问题中有许多具有规律性的重复操作，因此在程序中就需要重复执行某些语句。例如给定某个数字，打印出这个数字后的 5 个数字，按照之前学过的知识，编写如下程序。

示例 5.1：

```
/**
 * 重复劳动
 *
 * @version: 2018-4-17
 * @author: hopeful
 */
public class NoLoop {
    public static void main(String[] args) {
        int i = 3;
        System.out.println(++i);
        System.out.println(++i);
        System.out.println(++i);
        System.out.println(++i);
        System.out.println(++i);
    }
}
```

很显然，对于这样的程序输出，存在明显的重复性，本例只要求打印 5 个数字，如果要打印 5 万条数据，那么程序将变得非常不明了，费时费力。为了解决这个问题，各种语言(如 C、C++、C#)都设计了循环结构，循环结构可以很有效地变繁为简，帮助程序员高效开发。

5.2　while 循环

Java 的循环语句有 while、do-while、for 循环，这些语句实现了通常所称的循环。一个循环重复执行同一套指令直到一个结束条件出现。

while 语句是 Java 最基本的循环语句。当它的控制表达式是真时，while 语句重复执行一个语句或语句块。它的通用格式如下：

```
while(条件) {
    //循环体
}
```

while 指“当”，与之前学过的 if 语句对比一下：

```
if(条件){
    //要做的事情
}
```

可以发现，除了关键字不一样外，结构是一样的。但请注意，在条件成立时，if 语句只执行一次，而 while 循环可以反复执行，直至条件不再成立。

条件可以是任何布尔表达式。只要条件表达式为真，循环体就被执行，当条件为假时，程序控制就传递到循环后面紧跟的语句行。可以试想，对于一个循环来说，条件不可能在任何时候都是成立的，不然循环就无法终止，成了死循环，所以在循环体内，肯定会对循环的条件做出适当改变，使其在某个时候成为 false。例如对示例 5.1 采取循环的方式。

示例 5.2：

```
/**
 * 不再重复劳动
 *
 * @version: 2018-4-17
 * @author: hopeful
 */
public class NumLoop {
    public static void main(String[] args) {
        int i = 3, j=0;
        while(j<5){ //条件
            System.out.println(++i); //要做的事
            j++;  //变化
        }
    }
}
```

运行后输出 4～8。这个程序首先定义 i 的值为 3，j 的值为 0，定义变量 j 是为了进行循环，从 0 开始，终点到 4，循环 5 次，所以条件是“j<5”。在每次循环的过程中，首先判断“j<5”是否成立，成立则进入循环体，执行循环体内容，不成立则循环结束。在循环体内，首先输出 i 的值，另外，为让循环有始有终正常结束，使 j 的值每次自加 1，向终点

靠拢。第一次循环，j 的值为 0，满足条件，进入循环体，输出 i 后执行 j++，j 的值变为了 1；第二次循环，j 的值已经变为 1，满足条件，进入循环体……，第五次循环，j 的值为 4，满足条件，进入循环体，输出 i 后 j 的值自加 1 变为了 5。这时再对比条件，发现条件已经不满足，至此，循环结束。j 的值最终为 5。

请思考一下，如果把循环体内的“j++;”一行去掉，将发生什么问题呢？循环还完整吗？

由以上分析可以看出循环的四个要素在程序中的体现，既有起点，又有终点，要从起点逐渐变化到终点，循环的过程中要执行循环体内容。

为对 while 循环有一个更清晰的认识，再来看看 while 循环的执行过程，如图 5-1 所示。

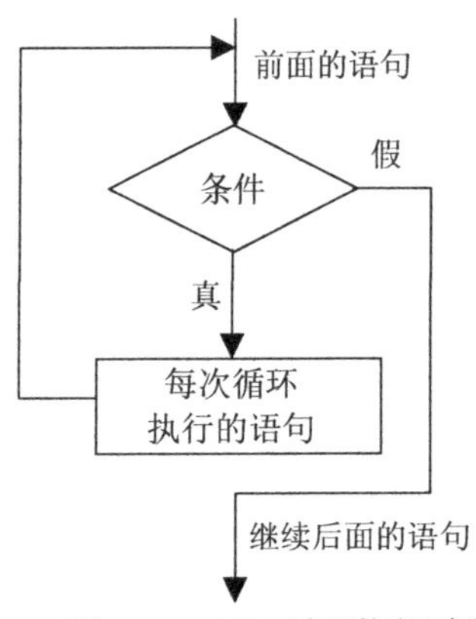

图 5-1　while 循环执行过程

仔细分析图 5-1，可以看到，while 语句在循环体执行之前就计算条件表达式，假如开始时条件为假，则循环体一次也不会执行。

在极个别情况下，也可以让循环体为空。

示例 5.3：

```
/**
 * 循环体为空
 *
 * @version: 2018-4-17
 * @author: hopeful
 */
public class NoLoopBody {
	public static void main(String[] args) {
		int i = 1;
		while(i++<10);			//循环体为空
		System.out.println(i);
	}
}
```

注意循环体内容为空，只有一个分号，意思为执行空语句。其实这和普通循环并没有太大的不同，只要抓住循环的流程，一步一步分析循环，就能得到结果，上例程序能够正常运行，最终 i 的值为 11。

5.3　do-while 循环

如果 while 循环一开始条件表达式为假，那么循环体不执行。然而，有时需要在开始时条件表达式即使是假的情况下，while 循环至少也要执行一次。换句话说，有时需要在一次循环结束后再测试是否中止表达式，而不是在循环开始时。幸运的是，Java 就提供了这样的循环——do-while 循环。do-while 循环总是执行它的循环体至少一次，因为它的条件表达式在循环的结尾；除此之外，它和 while 循环并没有什么不同。do-while 循环通用格式如下：

```
do {
        //循环体
} while (条件);
```

do-while 循环总是先执行循环体，然后计算条件表达式。如果表达式为真，则循环继续。否则，循环结束。与 while 循环一样，条件必须是一个布尔表达式。do-while 循环的执行过程如图 5-2 所示。

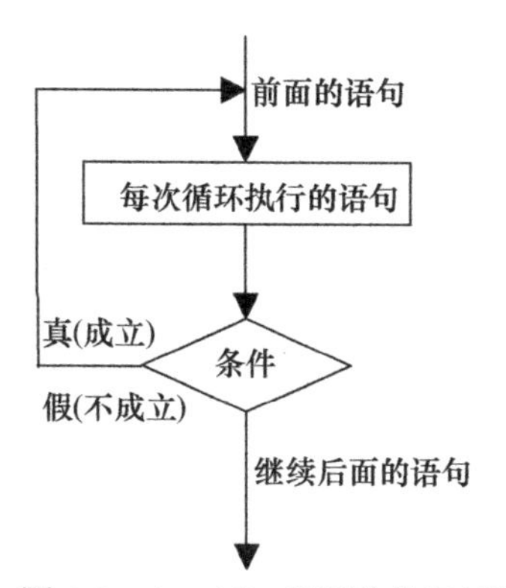

图 5-2　do-while 循环的执行过程

下面通过 do-while 循环求出 1+2+…+100 的和，聪明的同学可能直接就采取高斯的 sum=(1+100)×50 做法了，不过今天换成循环来看看。

示例 5.4：

```
/**
 * 演示 do-while 循环的用法
 *
 * @version: 2018-4-17
 * @author: hopeful
 */
public class DoWhileDemo {
    public static void main(String[] args) {
        int i = 1, sum;
        sum = 0;                    //初始化 sum 为 0
        do{
            sum = sum + i;      //累加
```

```
            i++;
        }while(i<=100);        //条件
        System.out.println("sum = " + sum);
    }
}
```

运行后输出 sum=5050。变量 sum 将用于存储累加和，将它初始化为 0，这很重要，然后在每一遍的循环里，它都加上 i，而 i 则每次都在被加后，增加 1。最终，i 递增到 101，不再满足 i<=100 的条件，这个循环也就完成了任务。

假如例 5.4 中 i 的初始值为 200，很显然，如果采用 while 循环，则先进行条件判断，发现不成立后不进行循环，最终 sum 为 0；但如果采用 do-while 循环，则先执行循环体，sum 的值为 200，然后判断条件，发现不满足，退出循环，但 sum 的值已经是 200 了。下面再看一个简单的示例。

示例 5.5：

```
/**
 * 对比 while 循环与 do-while 循环
 *
 * @version: 2018-4-17
 * @author: hopeful
 */
public class DuiBi {
    public static void main(String[] args) {
        int a = 0 , b = 0;
        while(a>0){
            a--;
        }
        do{
            b--;
        }while(b>0);
        System.out.print("a = " + a);
        System.out.print("b = " + b);
    }
}
```

对于 while 循环，变量 a 初始值为 0，条件 a＞0 显然不成立，所以循环体内的“a--;”语句未被执行。本段代码执行后，变量 a 值仍为 0；对于 do-while 循环，尽管循环执行前，条件 b＞0 一样不成立，但由于程序在运行到 do…时，并不先判断条件，而是直接先运行一遍循环体内的语句“b--;”。于是 b 的值成为-1，然后，程序才判断 b＞0，发现条件不成立，循环结束。

要明白这两种循环的相同和不同之处，编程中选择合适的循环语句。

5.4　for 循环

5.4.1　基本用法

与 while、do-while 循环相似，for 循环也是反复执行一个代码块，直到满足一个指定的条件。区别在于，for 循环有一套内建的语法规定了如何初始化、递增以及测试一个计数器的值。for 语句的格式如下：

```
for (初始化语句①; 条件语句②; 控制语句③) {
    循环体：若干语句④
}
```

需要注意以下几点：

(1) 初始化语句负责完成变量的初始化(initialization)。

(2) 条件语句是值为 boolean 型的表达式，称为循环条件(condition)。

(3) 控制语句用来修改变量，改变循环条件(iteration)。

(4) ①②③之间一定要用分号隔开。

for 循环的执行过程如下。第一步，当循环启动时，先执行其初始化部分。通常，这是设置循环控制变量值的一个表达式，作为控制循环的计数器。重要的是，要理解初始化表达式仅被执行一次，后续循环就没必要再执行了。第二步，计算条件 condition 的值。条件 condition 必须是布尔表达式，它通常将初始化变量与目标值相比较，如果这个表达式为真，则执行循环体，如果为假，则循环终止。第三步，条件为真时执行循环体部分。然后执行控制语句，让初始化变量发生变化，接着测试条件，如此反复，这个过程不断重复直到控制表达式变为假，终止循环。for 循环的流程如图 5-3 所示。

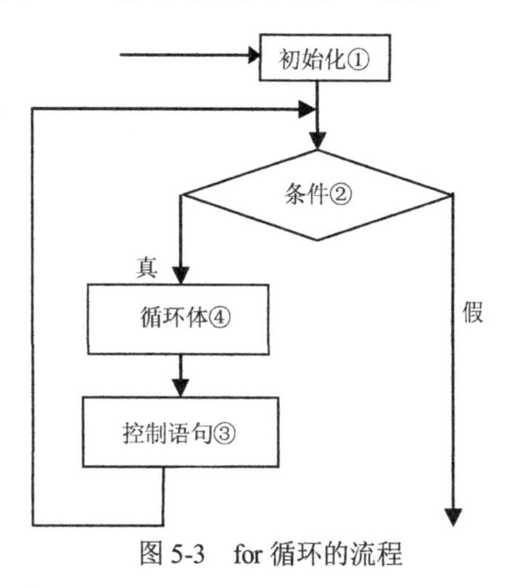

图 5-3　for 循环的流程

可以看到程序的走势：由①进入循环，然后反复执行②④③，直至条件②不再满足。

下面使用 for 循环改写示例 5.2 和示例 5.4，来看看它们之间有什么区别。

示例 5.6：

```
/**
 * 示例 5.2 之 for 循环版
 *
 * @version: 2018-4-18
 * @author: hopeful
 */
public class ForDemo1 {
    public static void main(String[] args) {
        int i = 3, j;
        for (j = 0; j < 5; j++) {
            System.out.println(++i);
        }
    }
}
```

可以看到，采用了 for 循环后，程序要比采用 while 循环更简洁一些，初始化、递增和条件语句都在 for 循环语法内部，循环体内只保留需要做的事情。

示例 5.7：

```
/**
 * 示例 5.4 之 for 循环版
 *
 * @version: 2018-4-18
 * @author: hopeful
 */
public class ForDemo2 {
    public static void main(String[] args) {
        int i, sum = 0;
        for (i = 1; i < 101; i++) {
            sum = sum + i;
        }
        System.out.println("sum = " + sum);
    }
}
```

运行后输出结果仍然为 sum＝5050。

请对照 for 循环的流程图(图 5-3)，对比 for 循环与 while、do-while 循环的区别，并分析以上两个示例，一定要明白每次循环内部发生了什么事，是怎样的一个流程。

5.4.2 逗号运算符

Java 语言中，逗号(,)也可以是运算符，称为逗号运算符(Comma Operator)。逗号运算符可以把两个以上(包含两个)的表达式连接成一个表达式，称为逗号表达式。其一般形式如下：

```
子表达式 1, 子表达式 2, …, 子表达式 n
```

例如：

```
int a, b, c = 0;
```

逗号运算符的优先级是所有运算符中级别最低的，它可以配合 for 循环使用。逗号运算符保证左边的子表达式运算结束后才进行右边的子表达式的运算。也就是说，逗号运算符是一个序列点，其左边所有表达式都结束后，才对其右边的子表达式进行运算。

示例 5.8：

```
/**
 * for 循环的用法之逗号运算符
 *
 * @version: 2018-4-18
 * @author: hopeful
 */
public class CommaDemo {
    public static void main(String[] args) {
        int a, b;
        for (a = 1, b = 4; a < b; a++, b--) {
            System.out.print("a = " + a);
            System.out.println("\tb = " + b);
        }
    }
}
```

运行结果如图 5-4 所示。

图 5-4　逗号运算符运行结果

5.4.3　for 循环的变化

前面已经讨论了 for 循环的三个表达式(初始化、条件、控制)，这三个表达式均可以省略，以此带来丰富的 for 循环变化，但要注意的是，不管如何变化，三个表达式之间的两个分号不能省略，而且必须满足循环的四个要素。

1. 省略初始化语句

由于初始化语句只执行一次，所以可在循环之前进行。例如以下程序从 0 输出到 9：

```
/**
 * for 循环的用法：省略赋值表达式
 *
 * @version: 2018-4-18
 * @author: hopeful
 */
public class Test {
    public static void main(String[] args) {
        int i = 0;
        for (; i < 10; i++) {
            System.out.println(i);
        }
    }
}
```

2. 省略条件语句

条件语句根据条件是否满足决定循环是否还要继续，所以如果不想让程序成为死循环，必须要出现条件语句来终止循环，但是，条件语句并不一定要出现在 for 循环语句内部。

```
/**
 * for 循环的用法：省略条件语句
 *
 * @version:2018-4-18
 * @author:hopeful
 */
public class Test {
    public static void main(String[] args) {
        int i = 0;
        for (;; i++) {
            if (i >= 10) {
                break;          //break 用来终止循环
            }
            System.out.println(i);
        }
    }
}
```

就像 switch 结构一样，break 可以终止某个分支，在 for 循环内使用 break 的话，可以终止循环，break 后的语句不再执行。本例中，每次循环过程中，由于 for 后面的括号内没有了条件语句，所以直接跳向循环体，在循环体内首先用 if 语句判断 i 的值是否大于或等于 10，如果为真，则退出循环。否则打印 i 的值。

关于 break 的用法，在单元六将做详细说明，此处只需要明白它能终止循环、break 后的语句不再执行即可。

思考一下，上例能否写成以下样子？

示例 5.9：

```
/**
 * for 循环的用法：这么写对不对？
 *
 * @version: 2018-4-18
 * @author: hopeful
 */
public class Test {
    public static void main(String[] args) {
        int i = 0;
        for (;; i++) {
            if (i < 10) {
                System.out.println(i);
            }
        }
    }
}
```

3. 省略控制语句

控制语句也可以省略，放在循环体内部即可，不过要注意放的位置。

```
/**
 * for 循环的用法：省略控制语句
 *
 * @version:2018-4-18
 * @author:hopeful
 */
public class Test {
    public static void main(String[] args) {
        int i = 0;
        for (;;) {
            //①
            if (i >= 10) {
                break;
            }
            System.out.println(i);      //②
            i++;                        //③
        }
    }
}
```

上例输出 0～9，但是①②③处代码能不能互换呢？请思考，并加以讨论。

由此可见，for 循环的每个语句均可以省略，只要运用得当，for 循环可以非常灵活。不过，不管如何变化，始终要注意循环的几个要素是不可缺少的。

5.5 常见问题

问题 1：死循环

死循环的原因有多种，但都会造成一个结果：程序持续运行，不停止，CPU 使用率 100%。例如以下程序忘记了对循环变量的值进行变化。

```
public class Test {
    public static void main(String[] args) {
        int i = 1;
        while(i<100){
            System.out.println("i = " + i);
        }
    }
}
```

i 的初始值为 1，满足条件进入循环体，但是循环体内并未改变 i 的值，导致 i 一直满足条件，造成死循环。常见的死循环还有示例 5.9。

问题 2：空循环

空循环是指循环体为空，初学者容易犯这种错误。

```
public class Test {
    public static void main(String[] args) {
        int i = 1;
        for(;i<100;i++);
            System.out.println("i = " + i);
    }
}
```

由于养成了每句话后加分号的习惯，导致此 for 循环为空循环，如果每个 for 循环后都加大括号，可以有效避免这种错误发生。

【单元小结】

- Java 的循环语句有 for、while 和 do-while。
- while 语句重复执行一个语句或语句块。
- do-while 循环总是执行它的循环体至少一次。
- 使用逗号可以在每一个 for 循环的部分中处理更多内容。
- for 循环的使用更为灵活。

【单元自测】

1. 以下程序片段

```
int i=1;
    while(i<5)
    {
        i++;
    }
    System.out.println (i);
```

运行后(　　)。

A. 输出 1　　B. 输出 5　　C. 程序无法运行　　D. 死循环

2. 不论测试条件是什么，下列(　　)循环至少将执行一次。

A. while　　B. do-while　　C. for　　D. for-each

3. 下列代码

```
public class Shili{
    public static void main(String []args){
        int y, x=1, total=0;
            while(x<10){
                y=x*x;
              total+=y;
              ++x;
           }
           System.out.println("总数是：" + total);
    }
}
```

输出结果为(　　)。

A. 55　　B. 200　　C. 285　　D. 385

4. 下列代码

```
public class Shili{
    public static void main(String []args){
        int i = 5;
          do {
              System.out.println(i);
          } while (--i>5);
    }
}
```

输出为(　　)。

A. 0　　B. 5　　C. 程序报错　　D. 无法编译

5. 下列程序

```
public class Shili{
```

```
        public static void main(String []args){
            int i = 0;
                for(i = 5; i < 3; i++){
                    System.out.println (i);
                 }
                System.out.println (i);
        }
}
```

程序的输出为(　　)。

A. 0　　B. 3　　C. 5　　D. 10

【上机实战】

上机目标

- 使用 while 循环
- 使用 do-while 循环
- 使用 for 循环

上机练习

◆ 第一阶段 ◆

练习 1：使用循环倒序输出 1～10 之间的数字

【问题描述】

编写一个 Java 程序，倒序输出 1～10。

【问题分析】

我们知道一共有 10 个数：1，2，3，4，5，…，10，要做的事情是将它们倒序输出，即 10、9、8、7、6、5、4、3、2、1。很显然这组数据具有按 1 递减的特性，所以可以采取循环，首先定义一个变量初始化值为 10，每次循环递减 1，循环体打印出这个变量即可。

【参考步骤】

(1) 编写代码。

```
/**
 * 倒序输出数组
 * @author: hopeful
 */
public class Shili{
```

```
    public static void main(String []args){
        int i = 10;
        while(i >= 1){
                System.out.print ("i = " + i + " ");
                i--;
        }
        System.out.println();

        i = 10;
        do{
            System.out.print ("i = " + i + " ");
                i--;
        }while(i >= 1);
        System.out.println();

        for(i = 10;i >0; i--){
                System.out.print ("i = " + i + " ");
        }
        System.out.println();
    }
}
```

(2) 运行程序结果如图 5-5 所示。

```
Problems  @ Javadoc  Declaration  Console ☒  Progress  Terminal
<terminated> Shili [Java Application] D:\Program Files\Java\jdk1.8.0_161\bin\javaw.exe
i = 10 i = 9 i = 8 i = 7 i = 6 i = 5 i = 4 i = 3 i = 2 i = 1
i = 10 i = 9 i = 8 i = 7 i = 6 i = 5 i = 4 i = 3 i = 2 i = 1
i = 10 i = 9 i = 8 i = 7 i = 6 i = 5 i = 4 i = 3 i = 2 i = 1
```

图 5-5　运行结果

练习 2：判断字符是不是韵母

【问题描述】

编写一个 Java 程序，用户输入一个字符后，程序判断该字符是不是韵母。当用户输入 0 时退出程序。

【问题分析】

仔细思考这道题目，会发现需要做两件事：①重复接收用户输入的字符；②接收字符后，对字符进行判断。接收字符很显然要用循环来处理，但由于并不知道用户什么时候输入 0，所以这个循环并不能直接规定终点，而是应该在循环体内经过判断，来决定是否终止循环。伪代码示意如下：

```
进入循环
    接收字符
    如果字符为 0，退出循环
      验证是否为韵母
程序结束
```

验证过程中，由于韵母有5个，所以可以采用switch结构来筛选，当然也可以采用if-else结构来判断。

【参考步骤】

编写代码。

```
/**
 * 判断字符是不是韵母
 * @author:hopeful
 */
import java.util.Scanner;

public class Shangji2 {
    public static void main(String[] args) {
        Scanner scanner = new Scanner(System.in);
        while (true) {
            String s = scanner.nextLine();
            char c = s.charAt(0);            //提取每行第一个字符
            //如果该字符为0，退出循环
            if ('0' == c) {
                System.out.println("程序退出");
                break;
            }
            //对字符进行判断
            switch (c) {
            case 'a':
            case 'e':
            case 'i':
            case 'o':
            case 'u':
                System.out.println("字符 " + c + " 是韵母！");
                break;
            default:
                System.out.println("字符 " + c + " 不是韵母!");
                break;
            }
        }
    }
}
```

◆ 第二阶段 ◆

练习3：使用循环输出斐波那契数列的前10个数

【问题描述】

一般而言，兔子在出生两个月后，就有繁殖能力，一对兔子每个月能生出一对小兔子来。如果所有兔子都不死，那么一年以后可以繁殖多少对兔子？

【问题分析】

“斐波那契数列”的发明者是意大利数学家列昂纳多·斐波那契(Leonardo Fibonacci，生于公元1170年，卒于1240年。籍贯是意大利比萨)。他被人称作“比萨的列昂纳多”。1202年，他撰写了《珠算原理》(Liber Abacci)一书。他是第一个研究了印度和阿拉伯数学理论的欧洲人。他的父亲被比萨的一家商业团体聘任为外交领事，派驻地点相当于今日的阿尔及利亚地区，列昂纳多因此得以在一个阿拉伯老师的指导下研究数学。他还曾在埃及、叙利亚、希腊、西西里和普罗旺斯研究数学。

斐波那契数列指的是这样一个数列：1、1、2、3、5、8、13…，斐波那契数列又因数学家列昂纳多·斐波那契以兔子繁殖为例子而引入，故又称为“兔子数列”。

这个数列从第三项开始，每一项都等于前两项之和，该数列有很多奇妙的属性。

例如，随着数列项数的增加，前一项与后一项之比越逼近黄金分割0.618 033 988 7……

还有一项性质，从第二项开始，每个奇数项的平方都比前后两项之积多1，每个偶数项的平方都比前后两项之积少1。

不妨拿新出生的一对小兔子分析一下：

第一个月：小兔子没有繁殖能力，所以还是一对。

第二个月：生下一对小兔，共有两对。

第三个月：老兔子又生下一对，因为小兔子还没有繁殖能力，所以一共是三对。

依此类推可以列出下表：

经过月数：0—1—2—3—4—5—6—7—8—9—10—11—12

兔子对数：1—1—2—3—5—8—13—21—34—55—89—144—233

其中数字1，1，2，3，5，8…构成了一个数列。这个数列有个十分明显的特点，即前面相邻两项之和，构成了后一项。这个特点证明：每月的大兔子数为上月的兔子数，每月的小兔子数为上月的大兔子数，即上上月的兔子数。

练习4：获得任意一个正整数的阶乘

【问题描述】

给定一个数字n，求出$n\times(n-1)\times(n-2)\times\cdots\times2\times1$。

【问题分析】

这个问题可以使用循环来解决，每次循环的过程中，累乘n，并且n递减1，循环终止的条件为$n>=1$，即如果n递减到1的时候终止循环。

【拓展作业】

神奇的数字

相传，神奇的数字142 857发现于埃及金字塔内，它是一组神奇数字，它证明一星期有7天。它自我累加一次，就由它的6个数字，依顺序轮值一次，到了第7天，它们就放假，由 999 999 去代班，数字越加越大，每超过一星期轮回，每个数字需要分身一次，你不需要计算机，只要知道它的分身方法，就可以知道继续累加的答案，它还有更神奇的地方等待你去发掘！

也许，它就是宇宙的密码。

如果你发现了它的真正神奇秘密……

请与大家分享！

142 857×1=142 857(原数字)

142 857×2=285 714(轮值)

142 857×3=428 571(轮值)

142 857×4=571 428(轮值)

142 857×5=714 285(轮值)

142 857×6=857 142(轮值)

142 857×7=999 999(放假，由 9 代班)

142 857×8=1 142 856(7 分身，即分为头一个数字 1 与尾数 6，数列内少了 7)

142 857×9=1 285 713(4 分身)

142 857×10=1 428 570(1 分身)

142 857×11=1 571 427(8 分身)

142 857×12=1 714 284(5 分身)

142 857×13=1 857 141(2 分身)

142 857×14=1 999 998(9 也需要分身变大)

继续算下去。

以上各数的单数和都是 9，这有可能藏着一个大秘密。

以上面的金字塔神秘数字举例：1+4+2+8+5+7=27，而 2+7=9；你看，它们的单数和竟然都是 9。依此类推，上面各个神秘数，它们的单数和都是 9(它的双数和 27 还是 3 的三次方)。

无数巧合中必有概率，无数吻合中必有规律。现在就要尝试一下，让这个神奇数字乘以任意整数，再看看结果的累加和是不是 9。

提示：定义一个长整型变量 m=142 857×n，n 为用户输入的任意整数，然后使用循环分解出 m 的每一位，并对每一位进行求和得到 sum。判断 sum 是否大于 9，若大于 9 则再来一次分解求和。最终检查得到的结果是否为 9。

单元六

循环结构的复杂应用

课程目标

- ▶ 掌握嵌套循环
- ▶ 掌握 break 的用法
- ▶ 掌握 continue 的用法

简介

在上一单元中介绍了 Java 中的循环结构。我们知道在 Java 中有三种循环，分别是 while 循环结构、do-while 循环结构和 for 循环结构，实现了简单的循环。不过仅仅这样的一个知识量还不足以解决所有问题，本单元的目的就是要继续深入研究关于循环的一些扩展知识，即嵌套循环、break 语句、continue 语句。希望通过本单元的学习，同学们能体会循环的高级技巧，并能活学活用。

6.1 嵌套循环

在单元五已经学过循环结构，利用循环可以简洁地做重复的事情。例如，打印一行 10 个星号(*)，可以使用以下代码：

```
int i=0;
while(i<10){
        System.out.print("*");
        i++;
}
```

程序非常简洁，输出结果为：**********。

但是现在考虑一个问题，若要打印一个 10×10 的正方形，只用一次循环行不行呢？当然没有问题(见单元五理论部分作业题)，不过只用一次循环的话，不但程序比较复杂，而且难以理解。对于打印一个正方形来说，其实是循环执行了 10 次“打印一行星号”子循环的操作，也就是说，对于“打印一行星号”循环，这个操作需要循环执行 10 次。由此看来，岂不是循环内部嵌套循环吗？这就是为什么很多时候需要使用嵌套循环的原因。伪代码如下：

```
//重复 10 次
循环 a{
    //循环 10 次
    循环 b{
        打印一行星号
    }
    换行
}
```

如果把一个循环放在另一个循环体内，就可以形成嵌套循环，嵌套循环既可以是 for 循环嵌套 while 循环，也可以是 while 循环嵌套 do-while 循环等，即各种类型的循环都可以作为外层循环，各种类型的循环也可以作为内层循环。

当程序遇到嵌套循环时，如果外层循环的循环条件允许，则开始执行外层循环的循环体，而内层循环将被外层循环的循环体来执行——只是内层循环需要反复执行自己的循环体而已。当内层循环执行结束且外层循环的循环体执行结束，则再次计算外层循环的循环条件，决定是否再次开始执行外层循环的循环体。

根据上面分析，假设外层循环的循环次数为 n 次，内层循环的循环次数为 m 次，那么内层循环的循环体实际上需要执行 $n \times m$ 次。嵌套循环的运行流程如图 6-1 所示。

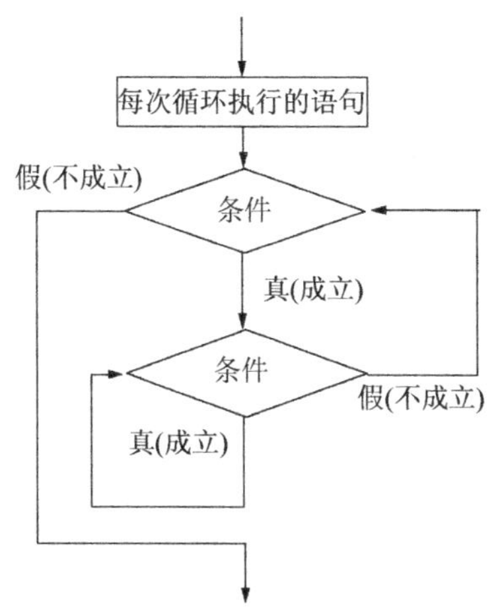

图 6-1　嵌套循环的运行流程

从图 6-1 来看，嵌套循环就是把内层循环当成外层循环的循环体。只有内层循环的循环条件为 false 时，才会完全跳出内层循环，才可以结束外层循环的当次循环，开始下一次循环。下面尝试打印一个 10×10 的正方形。

示例 6.1：

```
/**
 * 打印 10×10 正方形
 * @author: hopeful
 *
 */
public class Demo1 {
    public static void main(String[] args) {
        int i , j ;
        //外层循环控制行数
        for(i=0 ;i<10;i++){
            //内层循环负责打印一行
            for(j=0;j<10;j++){
                System.out.print("* ");     //无换行
            }
            //内层循环打印一行星号后，切换到下一行
            //并继续下一次外层循环
            System.out.println();
        }
    }
}
```

在本例中，外层循环和内层循环均循环 10 次。为更好地理解嵌套循环，初学者应该多对循环进行分析，可以采取由外到内或由内到外的分析方法，例如采取由内到外的分析

方法来查看这个示例，请查看示例的斜体部分，即内循环，将会发现，这部分做了一件事：打印 10 个星号后，换一行。那么外层循环做了什么事呢？很简单，就是将斜体部分重复执行 10 遍，也就是说，将上述事情重复 10 遍，这不就是所需要的正方形吗？

运行程序结果如图 6-2 所示。

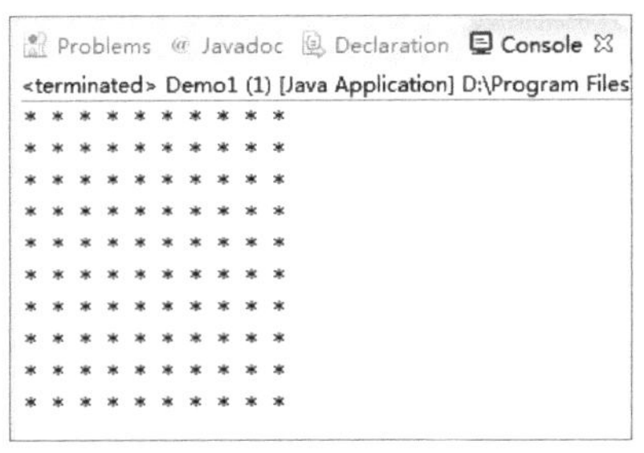

图 6-2　嵌套循环运行结果

请务必明白在嵌套循环中，每个循环的作用，这样才能举一反三，灵活运用。例如想打印 5 行 10 列或者 10 行 5 列的矩形，那么如何修改示例 6.1 呢？

矩形没有问题了，现在来讨论如何打印一个直角三角形。程序运行后结果如图 6-3 所示。

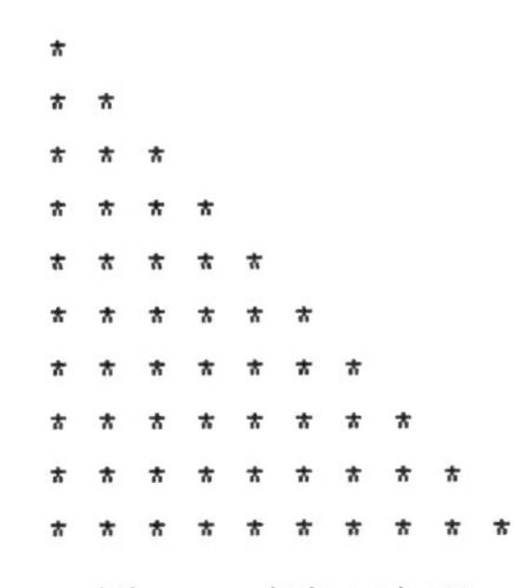

图 6-3　直角三角形 1

可以看到，图 6-3 中三角形仍然是 10 行，但是，对于每一行来说，打印的星号个数并不一样，第一行 1 个，第二行 2 个，第三行 3 个……，发现每一行的星号个数和行数是一样的。只要有规律，这就好办了，只需要让内循环(负责打星号)执行 i(行数)次就可以了。

示例 6.2：

```
/**
 * 打印直角三角形
 * @author: hopeful
 *
 */
public class Demo2 {
    public static void main(String[] args) {
        int i = 0, j = 0;
        for(i = 0; i < 10; i++) {          //外层循环控制行数
            for(j = 0; j <= i; j++){       //内层循环控制每行打印的星号个数
                System.out.print("* ");
```

```
                }
                System.out.println();        //换行
            }
        }
    }
```

当 i 的值为 0 时，满足外层循环条件 i<10，外循环第一次执行，进入内循环，内循环 j 初始值 0 也满足条件 j<=i，所以执行内循环，打印了一个星号，并对 j 自加，自加后 j 的值变为 1，不再满足 j<=i 的条件，所以内循环只执行了一次就结束，外循环执行换行代码后对 i 进行自加，也随即结束。整个第一次外循环，只调用内循环打印了一个星号就结束了。

i 自加后变为 1，仍然满足 i<10 的条件，开启第二次外循环之旅，进入内循环，这时内循环的 j 重新赋值为 0，条件是 j<=i，所以将执行两次，即打印两个星号。

可以思考一下，如何打印出如图 6-4 所示的直角三角形。

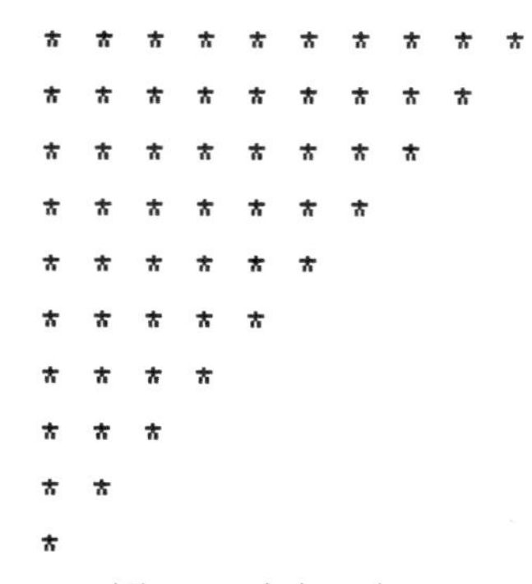

图 6-4　直角三角形 2

其实无论如何变化，要想灵活运用任意层的循环，关键是掌握好各个循环执行的条件。

Java 语言没有提供 goto 语句来控制程序的跳转，这种做法提高了程序流程控制的可读性，但降低了程序流程控制的灵活性。为弥补这种不足，Java 提供了 continue 和 break 语句来控制循环结构。

6.2　break 语句

在某些时候，我们需要在某种条件出现时，强行终止结束循环，而不是等到循环条件为 false 时。此时，可以使用 break 来完成这个功能。break 用于完全结束一个循环，跳出循环体。不管是哪种循环，一旦在循环体中遇到 break，系统将完全结束该循环，开始执行循环之后的代码。

示例 6.3：

```
/**
 * break 的用法
 * @author: hopeful
 *
```

```
 */
public class Demo3 {
    public static void main(String[] args) {
        int i = 0;
        //条件始终为真，将会是死循环吗？
        while(true){
            System.out.println(i);
            i++;
            if(i>10){
                break;          //终止，跳出循环
            }
        }
    }
}
```

运行程序，结果证明，这并不是死循环，程序从 0 输出到 10，正常结束，这正是 break 语句的作用，一旦 i 的值大于 10，则执行 if 语句的 break，这将跳出循环。当然，如果 if 语句后还有别的语句，一旦 break 被执行，则这些语句都将被跳过。所以 break 经常用来强制跳出循环。

需要注意的是，break 只能跳出当前循环，对于多层循环来说，break 只跳出它所位于的循环，例如以下程序打印出了一个直角三角形。

示例 6.4：

```
/**
 * break 只能跳出当前循环
 * @author: chyt
 *
 */
public class Demo4 {
    public static void main(String[] args) {
        int i = 0, j = 0 ;
        //外层循环执行了 10 次
        for(;i<10;i++){
            //内层循环准备执行 10 次，但是……
            for(j=0;j<10;j++){
                if(j>i){
                    break;              //break 限制了内层循环执行的次数
                }
                System.out.print("* ");  //打印一个星号
            }
            System.out.println();        //换行
        }
    }
}
```

程序运行后结果如图 6-3。在本例中，如果要去掉斜体部分的 if 语句，将和示例 6.1 完全相同，但是加上 if 语句后，每当 j 的值大于 i，内层循环跳出，当然也不会再执行打印

星号的输出语句。另外可以看到，外层循环并没有因为内层循环的 break 的执行而终止。

关于 break，还要记住两点。首先，一个循环中可以有一个以上的 break 语句。但要小心，太多的 break 语句会破坏你的代码结构。其次，当循环内部有 switch 结构时，switch 语句中的 break 仅影响该 switch 语句，而不会影响其中的任何循环。

示例 6.4 也说明了一个问题：break 不是被设计来提供一种正常的循环终止的方法。循环的条件语句是专门用来终止循环的。只有在某些特殊情况下(突发事件)，才用 break 语句来取消一个循环。

6.3　continue 语句

continue 语句的功能和 break 有点类似，区别是 continue 只是中止本次循环，接着开始下一次循环，而 break 则是完全终止循环。可以理解为 continue 的作用是略过当次循环中剩下的语句，重新开始新的循环。下例使用 continue 语句，使每行打印 2 个数字。

示例 6.5：

```
/**
 * continue 用来略过当前循环，继续下一次循环
 * @author: chyt
 *
 */
public class Demo5 {
    public static void main(String[] args) {
        int i = 0;
        for (i = 0; i < 10; i++) {
            System.out.print(i + " ");
            //若 i 能被 2 整除，不再执行换行语句
            if (i % 2 == 0)
                continue;
            System.out.println();
        }
    }
```

该程序使用%(模)运算符来检验变量 i 是否为偶数，如果是，循环继续执行而不输出一个新行。该程序的结果如图 6-5 所示。

```
Problems  @ Javadoc  Declaration  Console
<terminated> Demo5 [Java Application] D:\Program Files\Java\
0 1
2 3
4 5
6 7
8 9
```

图 6-5　continue 语句运行结果

与 break 一样，continue 也只能中止内部循环，对外层循环没有影响。在实际应用中，要根据需要来决定是使用 break 还是使用 continue 语句，break 语句的功能是结束所在的循

环，而 continue 语句的功能是跳过当次循环未执行的代码，直接执行下一次循环。请对比以下两个程序片段：

```
for(i=1; i<10; i++) {
        if(i==5)
              break;
System.ut.println("i="+i);
}
for(i=1;i<10; i++) {
        if(i==5)
              continue;
System.ut.println("i="+i);
}
```

6.4 使用 Eclipse 对 Java 程序进行调试

所谓程序调试，是将编制的程序投入实际运行前，用手工或编译程序等方法进行测试，修正语法错误和逻辑错误的过程。这是保证计算机信息系统正确性必不可少的步骤，也是程序员快速解决程序问题的便捷方案。调试是程序员无法回避的工作。调试方法有许多种，但归根结底，就是找到引发错误的代码。

Eclipse 平台内置了 Java 调试器，该调试器提供所有标准调试功能，包括进行单步执行、设置断点和值、检查变量和值以及暂挂和恢复线程的能力。此外，还可以调试在远程机器上运行的应用程序。Eclipse 平台主要是一个 Java 开发环境，但其体系结构同时也向其他编程语言开放，同一个 Eclipse 的 Debug 视图也可用于 C 和 C++等编程语言。图 6-6 所示是 Debug 模式下的标准视图，请注意画实线框的地方。

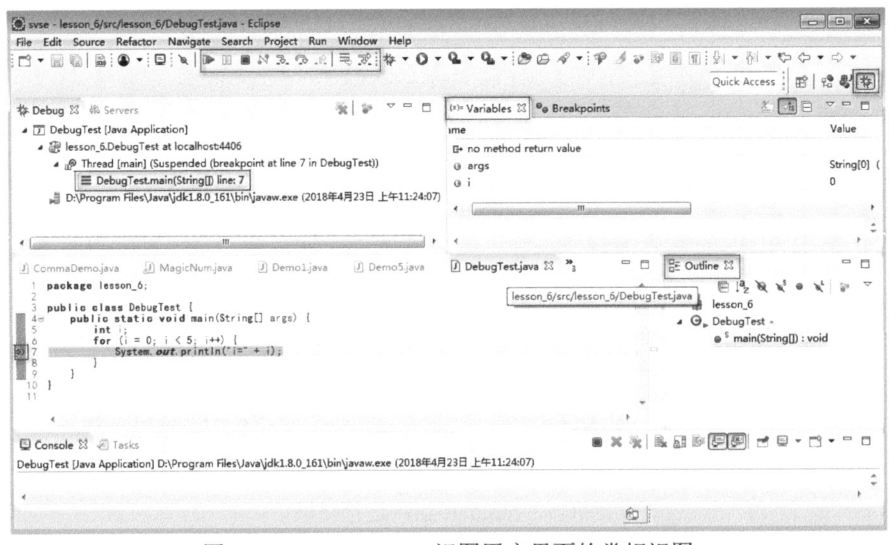

图 6-6　Eclipse Debug 视图用户界面的常规视图

对于一个 Java 程序，如何调试它呢？下面以图 6-6 中代码为例，逐步讲解。

(1) 设置断点(BreakPoint)，将光标放在代码某行的标记栏(在编辑器区域的左侧)上，双击即可设置断点。一旦设置了断点，当程序在 Debug 模式下运行到此处时，将会暂停运行。此处设置为第 9 行。

(2) 以 Debug 模式运行程序，单击 Eclipse 工具栏上的 图标。也可以单击图标右侧下拉框选择 Debug Configurations 进行详细设置。

(3) 程序运行，并暂停在断点处。此时在右侧变量栏(Variables)处可以看到堆栈中可见变量的值。

(4) 注意观察 Debug 工具栏 ，工具栏上有对程序调试的所有操作，如重置断点(Resume)、终止(Terminate)、单步进入(Step Into)、单步跳过(Step Over)、跳出(Step Return)等。当然，这些工具也可在菜单栏的 Run 菜单下找到。单击 Step Over 按钮(或按 F6 键)，可看到程序往下执行了一步，如图 6-7 所示。注意和图 6-6 的区别。

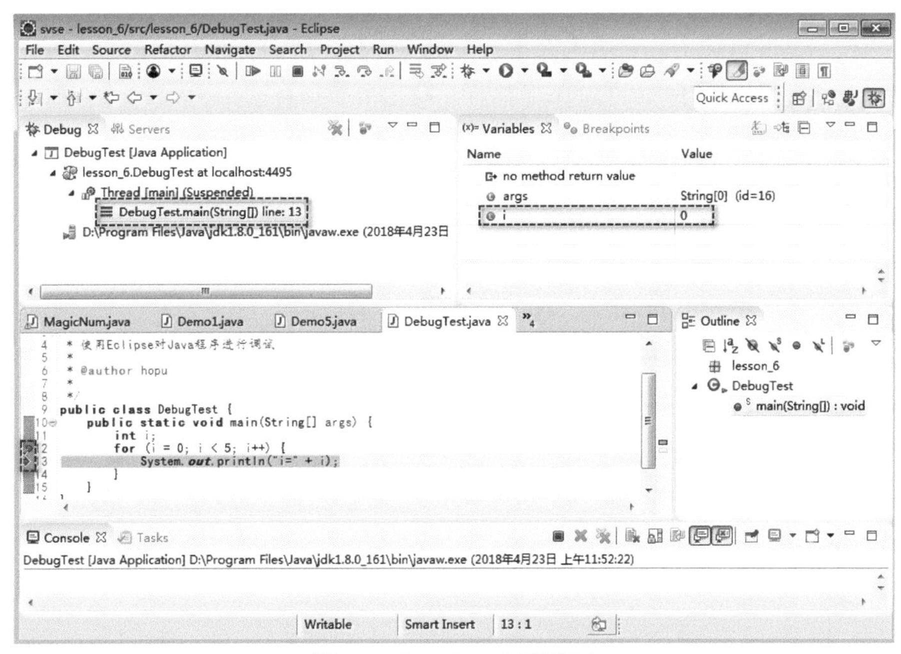

图 6-7　Step Over 程序窗口

可以看到变量窗口中出现了 i 的值为 0。继续按 F6 键，程序往下一步一步地走，将会发现变量栏中的 i 值不断变化，而控制台栏(Console)也打印出了 i 的值。

(5) 调试完毕后若程序尚未结束，单击 Terminate 按钮终止调试。

(6) 双击断点图标，取消断点。

除了普通断点(Line BreakPoint)外，Eclipse 还提供了条件断点(当满足某个条件时程序暂停)、方法断点(调用某个方法时暂停)、异常断点(发生某种异常时暂停)等，功能非常丰富。

在以后的编程中，同学们应养成经常使用调试功能的习惯，一方面可以帮助更快地找出程序错误，另一方面，也可以帮助理解程序逻辑，明白程序的行走流程，避免死记硬背，只知表象而不知其里。

【单元小结】

- 使用 break 语句可以跳出 switch 结构。
- 使用 break 语句可以跳出循环。
- continue 可以结束当次循环而继续下次循环。
- 在循环中的语句可以是任何语句。通常它是一个程序块，并且它们中的一些语句本身常也是循环语句。这种情况称为嵌套循环。

【单元自测】

1. 下列哪项不是 break 的用法？(　　)
   A. 在 switch 语句中，它用来终止一个语句序列，跳出 switch 结构
   B. 不管有几层循环，一旦 break 执行，跳出所有循环
   C. 它用来跳出一个循环
   D. 不管有几层循环，一旦 break 执行，只能跳出当前循环
2. 关于 break 和 continue，以下说法正确的是(　　)。
   A. 可在 switch 结构中使用 break 或者 continue 来跳出 switch 结构
   B. 可在循环中使用 break 或 continue 来终止循环
   C. 虽然循环内既可以使用 break，也可以使用 continue，但它们的作用是不同的
   D. 嵌套循环中，内层循环执行了 continue，则将跳出内层循环，执行外循环
3. 在 Java 语言中，下列代码片段的输出结果是(　　)。

```
int i , j=0;
for(i=1; i<10; i++){
        if(i%4==0){
            continue;
        }
          j+=i;
    }
System.out.println(i);
System.out.println(j);
```

   A. 10, 33　　B. 3, 6　　C. 10, 12　　D. 4, 10
4. 分析以下程序片段：

```
int i=0, j=0, k=0;
for (i=0; i<10; i++)
        for (j=0; j<i; j++)
            k++;
    System.out.print("循环次数：" + k + "，");
    System.out.print("i="+ i + "，");
    System.out.print("j="+ j);
```

运行结果为(　　)。

A. 循环次数：45，i=10，j=9　　B. 循环次数：100，i=11，j=9

C. 循环次数：45，i=10，j=8　　D. 循环次数：100，i=11，j=8

5. 给定代码片段：

```
int i=1, j=10;
do{
        if(i++>--j) continue;
}while(i<5=;
```

运行结束后，i 和 j 的值分别是(　　)。

A. i=6 and j=5　　B. i=5 and j=5　　C. i=6 and j=4

D. i=5 and j=6　　E. i=6 and j=6

【上机实战】

上机目标

- 在循环中使用 break
- 在循环中使用 continue
- 使用嵌套循环

上机练习

◆ 第一阶段 ◆

练习 1：理解多重循环

【问题描述】

理解多重循环内大循环和小循环的作用。

【问题分析】

对于多重循环，要理解外循环、内循环分别做了什么，各循环了多少次，在什么情况下结束循环。练习下面的代码，理解多重循环。

【参考步骤】

(1) 编写代码。

```
/**
 * 理解多重循环
 * @author: hopeful
 *
```

```
*/
public class LoopDemo {
    public static void main(String[]args) {
        int i,j;
        //大循环
        for(i=0 ;i<3;i++){
            System.out.println("第"+(i+1)+"次大循环");
            //小循环
            for(j=0;j<=i;j++){
                System.out.print("第"+(j+1)+"次小循环");
                System.out.println("i ="+i+", j ="+j);
            }
        }
    }
}
```

(2) 运行程序，如图 6-8 所示。

```
Problems  @ Javadoc  Declaration  Console
<terminated> LoopDemo [Java Application] D:\Program Files
第1次大循环
第1次小循环i =0, j =0
第2次大循环
第1次小循环i =1, j =0
第2次小循环i =1, j =1
第3次大循环
第1次小循环i =2, j =0
第2次小循环i =2, j =1
第3次小循环i =2, j =2
```

图 6-8　多重循环

仔细观察大循环、小循环之间的依存关系。

练习 2：找素数

【问题描述】

编写一个 Java 程序，找出 100～200 之间的所有素数。

【问题分析】

素数的定义是只能被 1 和自己整除的数。那么首先需要从 100 开始到 200，然后去判断哪一个数是素数，如果是就输出，不是就跳过。

所以这个题目需要两层循环才能解决，大循环用于从 100 遍历到 200，内循环需要对 100～200 之间的数字进行判断，判断其是不是素数，在判断过程中，根据素数的定义，需要使用循环让这个数字对 2、3、4…进行除法运算，一旦能整除，说明这个数字不是素数，当然没必要再拿后面数字相除，所以可以使用 break 跳过。

【参考步骤】

编写代码。

```
/**
 * 找出 100~200 之间的素数
```

```
 * @author: hopeful
 *
 */
public class SuShu{
    public static void main(String []args){
        int i = 0, j = 0;
        //大循环遍历所有数字
        for(i = 100; i <= 200; i++){
            //小循环判断是不是素数
            for(j = 2; j < i; j++){
             //如果能被整除，说明 i 不是素数，跳过
                if(i % j == 0){
                    break;
                }
            }
            //一旦 j 的值和 i 相等，说明从 2 到 i-1，i 都不能整除，证明 i 是素数
            if(j == i){
                System.out.println ("找到一个素数：" + i);
            }
        }
    }
```

◆ 第二阶段 ◆

练习 3：打印菱形图案

【问题描述】

编写一个 Java 程序，打印一个菱形图案，如图 6-9 所示。

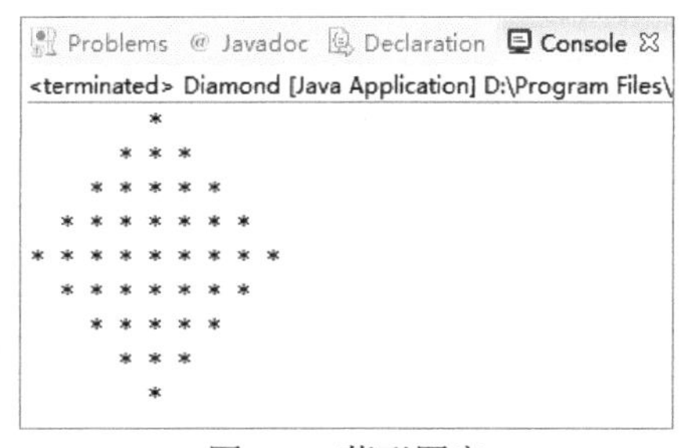

图 6-9　菱形图案

【问题分析】

对于菱形来说，也有自身的规律，菱形的上半部分星号个数分别为 1、3、5、7、9 个，而下半部分为 7、5、3、1 个，由于菱形每行的星号个数并不是一直按照某个规律而递增或递减，所以有必要把菱形分割成上下两部分分别打印。

对于上半部分，除了星号个数的递增外，还要注意到星号的左方，需要打印若干空格，而这些空格也是有规律的，只要找到空格个数、星号个数、行数之间的关系，这道题就迎刃而解了。

练习 4：水仙花数

【问题描述】

水仙花数是指一个 n(≥3)位数字的数，它等于每个数字的 *n* 次幂之和，所以又称为 n 位 n 次幂回归数。在 1000 以内的水仙花数有 153($1^3+5^3+3^3=153$)、370 等，四位的水仙花数 1634、8208 等。请通过编程，找出所有三位数的水仙花数。

【问题分析】

分析题目得知，我们要找的数字范围在 100～999 之间，需要分别验证这些数字是不是水仙花数，所以首先要对如何判断做到心中有数。

这里可以有两种判断方法，第一种是根据 100～999 中的某个数字，例如 $m=123$，首先把 m 的三个数字拆分出来，然后分别三次幂相加，验证是否相等。第二种方法，我们知道，任何一个三位数都是由三个数字组成的，并且这三个数字都介于 0～9 之间，那么可以首先提供任意三个小于 10 的数字，例如 a、b、c，分别对 a、b、c 进行 0～9 的循环，直接验证 a、b、c 的三次幂是否和 $a\times100+b\times10+c$ 相等，如果相等，则这个数字($a\times100+b\times10+c$)即是水仙花数。当然，a 很显然不能是 0。

【拓展作业】

1. 求 555 555 的约数中最大的三位数。

提示：最大的三位数介于 100～999 之间，根据题意，求其中最大的，所以需要从大到小循环。

2. 猜数字游戏。由系统随机生成一个随机(数字(0～99)之间，生成方法为 int num＝new Random().nextInt(100)。用户去猜测，如果太大，系统将提示“你猜的数字太大了！再猜”，太小则提示“你猜的数字太小了，再猜”，猜中则提示“恭喜你，猜对了！”。

猜数字的过程中需要统计用户猜测次数，如果用户一次性猜对，提示“你太厉害了，一次就猜对”，2～6 次提示“你很聪明!”，6 次以上才猜中的话，提示“笨笨，你猜这么多次！”。运行结果如图 6-10 所示。

图 6-10　猜数字游戏

单元七 数组的应用

课程目标

- 掌握一维数组的定义与使用
- 了解二维数组的定义与使用
- 了解 Java 中栈和堆的概念
- 掌握数组内存图的绘制
- 使用 Arrays 对数组进行操作

简 介

在程序设计中，为方便处理，常将具有相同类型的若干变量按有序的形式组织起来，这些同类数据元素的集合称为数组。数组是Java语言中的一种基本的变量数据类型，具有非常重要的作用。当程序需要处理大量数据时，使用数组来存储要处理的数据将非常高效。

本单元细致讲解数组的定义、赋值以及基本用法，这些知识是基本功。同学们将会看到，由于数组大量用于编程中，基于数组的特性，数组和循环结合使用的地方特别多。所以在掌握基础知识的前提下，同学们应当着重加强数组和循环的综合应用技能。

7.1　数组概述

在了解数组之前，先来解决一个问题。

某校教师每次考试都需要对所带班级的学生成绩进行统计分析，用人工方法计算费时费力，并且容易出错。现在希望能使用Java编写一个程序来录入学生成绩，并且统计出平均成绩。

分析：使用变量保存每位学生的分数，然后对所有学生的成绩求和，再除以班上的总人数，就可以得到平均分。

假设每班有学生30名，实现程序的代码如下：

```
public static void main(String[] args){
float   avg; //保存平均分
     //开始保存学生成绩
     float   score1 = 90.5f;
     float   score2 = 83f;
     ... //继续给其他学生成绩赋值
     float   score30 = 81f;
     //计算平均成绩
     avg = (score1 + score2 + …  + score30) / 30;
     System.out.println(avg);
}
```

可以看到，如果一个班级有30位学生，那么此程序需要定义30个变量，用来保存学生的成绩。程序中变量的定义、赋值占据大量篇幅，不仅用于求和的表达式很长，并且难以编写。这里只是需要定义30个变量，如果要统计整个年级的平均成绩，岂不是要定义更多的变量用来保存学生成绩？将需要花费大量时间去编写变量定义。

当遇到此类情形，需要定义大量变量来保存相同类型的数据时，使用数组可以大大简化程序，而且效率非常高。

7.2　数组的声明

数组是为了解决同类数据整合摆放而提出的，可以理解为一组具有相同类型的变量的集合，它的每个元素具有相同的数据类型。数组分为一维数组和多维数组，可以用一个统一的数组名和下标来唯一地确定其中的元素。

Java 定义一维数组的语法为：

```
<data_type>[]<array_name>;　或　<data_type> <array_name>[];
```

其中，data_type 表示数组的数据类型，array_name 表示数组的名称。

例如，定义保存学生成绩的数组：

```
float [] scores; 或 float scores[];
```

虽然说这两种写法都没有错误，但是按照 Java 语言的编程习惯，推荐各位采用第一种写法，即把中括号放在数据类型和变量名的中间。

看似简单，但其实在声明数组时，初学者还是很容易犯错的。要注意以下几点：

(1) 数组的类型实际上是指数组元素的取值类型。对于同一个数组，其所有元素的数据类型都是相同的。

(2) 数组名的书写规则应符合标识符的书写规定。

(3) 数组名不能与其他变量名相同。例如：

```
public static void main(String [] args){
    int a;
    float [] a;
  .
  .
  .
}
```

是错误的。

(4) 在数组声明中包含数组长度永远是不合法的，如 int[5]arr;。因为，声明的时候并没有实例化任何对象(没有分配空间)，只有在实例化数组对象时，JVM 才分配空间，这时才与长度有关。

数组声明后，并不能直接使用，原因是此时并未给数组分配空间，自然也就无从谈起数组的某个元素了。为了能够使用数组，在声明后还应该对其进行初始化。

7.3　数组的初始化

在声明数组后，因其元素尚未存在，并不能立即投入使用，此时必须给它分配内存，初始化以后才可以使用。对数组初始化有两种方式。

1. 静态初始化

静态初始化的方式是在声明数组变量的同时进行的。这种方式不仅定义了数组中包含的元素的数量，而且指定了每个元素的值。

例如，对保存学生成绩的数组初始化：

```
float[] scores  =  {93.5f , 83 , 61, 80 };
```

这条语句声明数组名为 scores，数组元素的数据类型为浮点型(float，4 个字节)，共 4 个初始值，故数组元素的个数为 4。这样一个语句为 Java JVM 提供了所需要的全部信息，系统为这个数组分配了 4×4 共 16 个字节的空间，即一次定义并对 4 个 float 类型的变量赋值，编码效率得到提升。

当然，可以定义其他类型的数组。例如：

```
int[]  arr = {0, 1, 2, 3, 4, 5};
String[] names = {"Tom", "Thomas", "Jack", "John"};
```

arr数组包含6个int类型的变量，而names包含4个String类型的变量，如图7-1所示。

0
1
2
3
4
5

Tom
Thomas
Jack
John

图 7-1　数组的初始化

注意，静态初始化应该在一条语句内完成，不能分开写。以下写法是错误的：

```
int[] arr;
arr = {1, 2, 3, 4, 5};          //错误的写法
```

2. 动态初始化

静态初始化的方式在声明数组时就必须定义数组的大小，以及每个元素的初始值。如果要定义的数组长度或数组数据只有在运行时才能决定，就要使用动态初始化。

例如：

```
int[]  arr;
arr = new int[10];
char[] c = new char[100];
int[] arr = new int[]{1, 2, 3, 4};
```

Java 使用 new 运算符为数组分配内存空间，声明与初始化语句分开写时，两条语句中的数组名、类型标识符必须一致。

动态初始化数组时也可以使用变量的值来定义数组大小：

```
int[]  arr;
int length = 10;
arr = new int[length];
```

这里 arr 数组就包含了 10 个元素。注意使用变量定义数组大小时，中括号内只能使用整型(int、short)变量。

7.4　数组的使用

数组完成声明与初始化后，就可以使用了，通过数组名与下标来引用数组中的每一个元素。一维数组元素的引用格式如下：

```
数组名[数组下标]
```

其中，数组名是经过声明和初始化的标识符；数组下标是指元素在数组中的位置，由于数组中的元素在内存中是连续存放的，从第一个元素开始编号，第一个元素编号为 0，第二个为 1，以此类推，所以数组下标的取值范围是 0～(数组长度-1)，下标值可以是整数型常量或整数型变量表达式。例如，有了“int[ ] a=new int[10];”声明语句后，下面的语句是合法的：

```
a[3]=25;
a[3+6]=90;
System.out.println(a[0]);
```

但“a[10]=8”是错误的。这是因为 Java 为了保证安全性，要对引用时的数组元素进行下标是否越界的检查。这里的数组 a 在初始化时确定其长度为 10，下标从 0 开始到 9 正好 10 个元素，因此，不存在下标为 10 的数组元素 a[10]。

在实际应用中，通常用到数组时，考虑到数组下标的连续性，会使用循环来处理数组的元素。

示例 7.1：

```
/**
 * 一维数组的使用
 * @author: hopeful
 *
 */
public class ArrayDemo1 {
    public static void main(String[] args) {
        //声明数组
        int[] scores;
        //初始化
        scores = new int[5];
        //赋值
        scores[0] = 78;
        scores[1] = 69;
        scores[2] = 80;
        scores[3] = 55;
        scores[4] = 92;
        //使用数组，打印所有学员的分数
```

```
            int i = 0;
            for(;i<5;i++){
                System.out.println("student "+(i+1)+"'s score is "
    + scores[i] );
            }
        }
}
```

以上程序首先声明了一个整型数组，紧接着对数组进行初始化，分配了内存空间，指定数组元素个数为 5 个元素；然后对数组元素进行赋值，要注意下标的变化。最后，使用循环引用数组下标，把 5 个元素一一打印出来。可以看到，通过循环，可以快速地访问数组中的每个元素。程序运行结果如图 7-2 所示。

```
Problems  @ Javadoc  Declaration  Console
<terminated> ArrayDemo1 [Java Application] D:\Program Files\
student 1's score is 78
student 2's score is 69
student 3's score is 80
student 4's score is 55
student 5's score is 92
```

图 7-2　使用循环访问数组运行结果

7.5　使用 Length 属性测定数组长度

如果创建的数组是根据变量来创建的，如何知道数组中包含了多少个元素呢？数组提供了一个 length 属性，通过 length 属性可以得到数组元素的个数。使用方法为：

```
数组名.length
```

例如，下例对各种类型的数组进行了测试。

示例 7.2：

```
/**
 * 不同类型的数组赋值及使用
 * @author: chyt
 *
 */
public class ArrayDemo2 {
    public static void main(String[]arg) {
        int i;
        double[] a1;
        char[] a2;
        a1 = new double[8];          //为 a1 分配 8 个 double 型元素的存储空间(64 字节)
        a2 = new char[8];            //为 a2 分配 8 个 char 型元素的存储空间(16 字节)
        int[] a3 = new int[8];       //声明的同时初始化，为 a3 分配 32 字节
        byte[] a4 = new byte[8];     //在声明数组时初始化数组，为 a4 分配 8 字节
        char a5[] = { 'A', 'B', 'C', 'D', 'E', 'F', 'H', 'I' };     //直接指定初值方式
        //下面各句测定各数组的长度
```

```
        System.out.println("a1.length=" + a1.length);
        System.out.println("a2.length=" + a2.length);
        System.out.println("a3.length=" + a3.length);
        System.out.println("a4.length=" + a4.length);
        System.out.println("a5.length=" + a5.length);
        //以下各句引用数组中的每一个元素，为各元素赋值
        for (i = 0; i < a1.length; i++) {
            a1[i] = 100.0 + i;
        }
        for (i = 0; i < a2.length; i++) {
            a2[i] = (char) (i + 97); //将整型转换为字符型
        }
        for (i = 0; i < a3.length; i++) {
            a3[i] = i;
        }
        //下面各句打印各数组元素
        System.out.println("\ta1\ta2\ta3\ta4\ta5");
        System.out.println("\tdouble\tchar\tint\tbyte\tchar");
        for (i = 0; i < 8; i++)
            System.out.println("\t" + a1[i] + "\t" + a2[i] + "\t" + a3[i]
                    + "\t" + a4[i] + "\t" + a5[i]);
    }
}
```

程序定义了 5 个一维数组，它们的元素个数均是 8 个，程序使用了 length 属性和循环对 a1、a2、a3 数组元素进行赋值，然后分别打印出每个元素的值。程序运行结果如图 7-3 所示。

```
Problems  Javadoc  Declaration  Console  Progress  Terminal
<terminated> ArrayDemo2 [Java Application] D:\Program Files\Java\jdk1.8.0_161\bin\javaw.exe
a1.length=8
a2.length=8
a3.length=8
a4.length=8
a5.length=8
        a1      a2      a3      a4      a5
        double  char    int     byte    char
        100.0   a       0       0       A
        101.0   b       1       0       B
        102.0   c       2       0       C
        103.0   d       3       0       D
        104.0   e       4       0       E
        105.0   f       5       0       F
        106.0   g       6       0       H
        107.0   h       7       0       I
```

图 7-3　通过 length 属性检测数组长度

使用数组的 length 属性，可以提高程序的灵活性，也减少了发生下标越界错误的概率。

7.6 二维数组

前面介绍的数组只有一个下标，称为一维数组，其数组元素也称为单下标变量。在实际问题中有很多数据是二维的或多维的。例如，某个小组有 5 位学员，每位学员有 3 门课程的成绩，那么如何编写程序统计这些数据呢？很显然，这时一维数组就不能胜任了。这就可能用到二维数组或更多维数的数组，本节只简单讨论二维数组的情况。

与一维数组相同，二维数组也是有序数据的集合，数组中的每个元素具有相同的数据类型。可以把二维数组理解为一维数组的集合。

声明二维数组的方法：

```
<datatype>[][] <array_name>;
```

其中，datatype 表示二维数组的数据类型，array_name 表示二维数组的名称。例如：

```
float[][] stu_scores ;
```

同样，声明后，也需要进行初始化才能使用。要注意，多维数组的定义，至少要指定第一维的维数。例如，以下三种写法都是正确的：

```
stu_scores = new float[5][3]; //5 个组，每组 3 位学员，后赋值
stu_scores = new float[5][];
```

或采取静态初始化直接赋值：

```
float[][] stu_scores = {
{92, 80, 78},
{65, 64, 71},
{68, 72, 80},
{77, 64, 65},
{56, 43, 49} };
```

存储示意如图 7-4 所示。

	第一门课	第二门课	第三门课
学员 1 →	92	80	78
学员 2 →	65	64	71
学员 3 →	68	72	80
学员 4 →	77	64	65
学员 5 →	56	43	49

图 7-4　二维数组存储示意图

同一维数组一样，可以使用下标访问二维数组中的每个元素。二维数组通过两个表示不同维度的下标来表示数组中的元素。

注意，Java 语言中，二维数组可以是不规则的。例如：

```
//二维数组，共包含 3 个一维数组
```

```
int[][] arr = new int[3][];
arr[0] = new int[2];    //第一个一维数组有 2 个元素
arr[1] = new int[3];    //第二个一维数组有 3 个元素
arr[2] = new int[4];    //第三个一维数组有 4 个元素
//赋值
arr[0][0] = 1;
arr[0][1] = 2;
arr[1][0] = 3;
arr[1][1] = 4;
arr[1][2] = 5;
//…
```

二维数组的存储结构示意如图 7-5 所示。

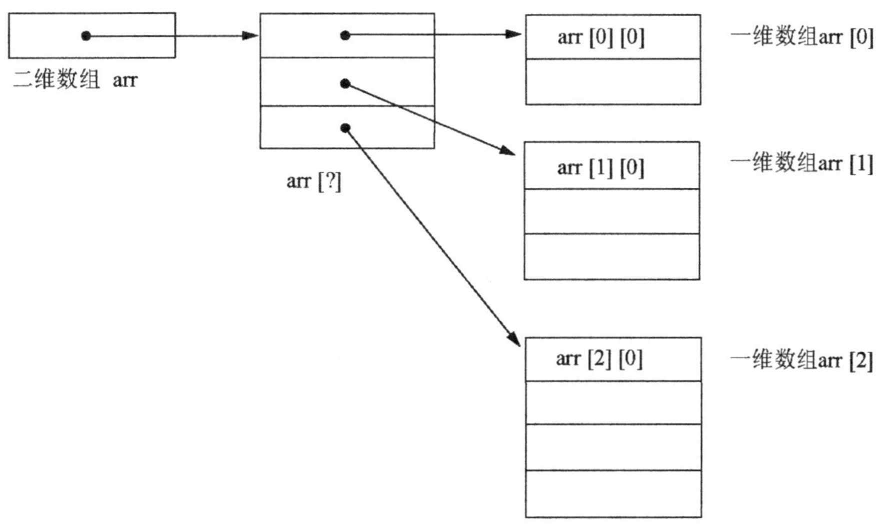

图 7-5　二维数组存储结构示意图

下例演示二维数组的用法。对于一个 5×5 的矩阵，将 1～25 依次存入，求矩阵中心的数值。

解题思路：定义一个二维数组，将 1～25 依次存入，取出第 3 行第 3 列的元素值即可。

示例 7.3：

```
/**
 * 二维数组的使用
 * @author: hopeful
 *
 */
public class ArrayDemo3 {
    public static void main(String[] args) {
        int n = 1;
        //声明二维数组
        int[][] arr = new int[5][5];
        //将 1～25 依次存入数组
        for (int i = 0; i < arr.length; i++) {
```

```
            for (int j = 0; j < arr[i].length; j++) {
                arr[i][j] = n;
                n++;
            }
        }
        //输出矩形中心的值，下标为 2、2，数值为 13
        System.out.println("矩形中心值是：" + arr[2][2]);
    }
}
```

7.7 数组内存分配

Java 在程序运行时，在内存中划分 5 片空间进行数据的存储。分别是：寄存器、本地方法区、方法区、栈和堆。其中，栈(stack)和堆(heap)这两个概念很重要，在学习数组时，我们知道数组变量是引用类型的变量，在数组初始化后，系统就已经在内存中分配了空间。此次我们学习数组的内存分配，重点是能够描绘出数组的内存分配图。

7.7.1 栈和堆

程序运行时，需要在内存中分配空间。为了提高运算效率，就对空间进行了不同区域的划分，因为每一片区域都有特定的处理数据方法和内存管理方式。简单地说，Java 把内存划分成两种：一种是栈内存，一种是堆内存。

堆：存放对象，引用类型的变量，其内存分配在堆上或者常量池(字符串常量、基本数据类型常量)，需要通过 new 等方式来创建。使用完毕后，在垃圾回收器空闲的时候回收，并不会立即回收。

堆内存主要作用是存放运行时创建(new)的对象。它的存取速度慢，可在运行时动态分配内存。

栈：存放基本数据类型的变量(int、short、long、byte、float、double、boolean、char等)以及对象的引用变量，其内存分配在栈上，变量出了作用域就会自动释放。

栈内存的主要作用是存放基本数据类型和引用变量。栈的内存管理是通过栈的“后进先出”模式实现的。存取速度快，大小和生存期必须确定，缺乏灵活性。使用完毕后，立即被垃圾回收器回收。

数组引用变量存放在栈内存中，数组元素存放在堆内存中。

7.7.2 一个数组的内存图

```
int []arr = new int[3];
```

左边的这部分 int[]arr 在栈内存当中，用 new 创建的对象都有地址值(系统随机分配)，左边的这部分指向了地址值。

右边的部分是通过 new 运算符创建的内容，存在于堆内存中，地址值就在堆内存中，这个地址值赋给栈内存。

在最初未赋值之前，堆内存中的数据，是默认值。

Java 数据中，常见的默认值如下：

```
整数类型默认值 0
小数类型默认值 0.0
char 类型默认值 \u0000
boolean 类型默认值 false
引用类型默认值 null
```

为了更好地理解，下面来分析数组的初始化及赋值示例！

示例 7.4：

```
public class Array {
    public static void main(String[] args) {
        // 定义数组
        int[] arr = new int[3];

        // 输出数组名和元素
        System.out.println(arr);
        System.out.println(arr[0]);
        System.out.println(arr[1]);
        System.out.println(arr[2]);

        // 给数组中的元素赋值
        arr[0] = 3;
        arr[2] = 5;

        // 再次输出数组名和元素
        System.out.println(arr);
        System.out.println(arr[0]);
        System.out.println(arr[1]);
        System.out.println(arr[2]);
    }
}
```

运行程序，结果如图 7-6 所示。

```
<terminated> Array [Java Application] D:\Program Files\Java\jdk1.8.0_161\
[I@70dea4e
0
0
0
[I@70dea4e
3
0
5
```

图 7-6　数组初始化

在未赋值前对应的内存分析图如图 7-7 所示，堆中数据存放的是 int 类型的默认值 0；栈中的对象 arr 指向堆内存中的地址 0x001(系统随机分配)。

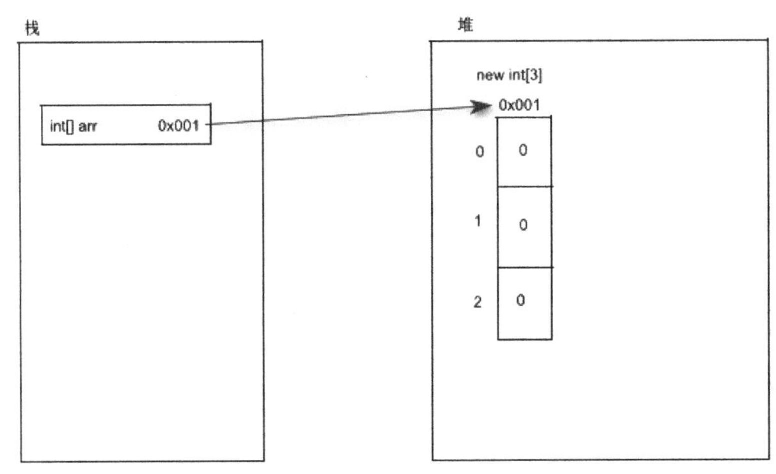

图 7-7　数组内存图(1)

在赋值后对应的内存分析图如图 7-8 所示，将 3 赋给[0]这个数组元素，5 赋给[2]这个数组元素，[1]依旧是默认值 0。栈中的引用变量 arr 指向堆内存中的地址 0x001，同一对象地址不变。

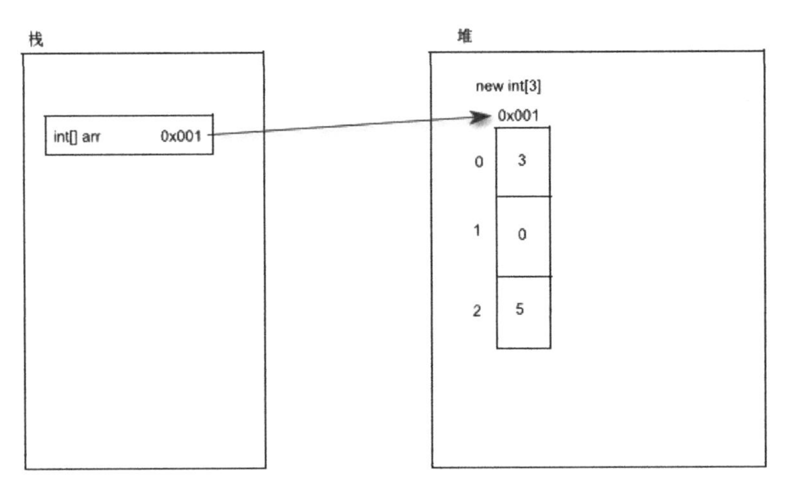

图 7-8　数组内存图(2)

7.7.3　多个数组的内存图

我们通过 new 创建了几个对象，这样就会在堆内存开辟几个内存空间，堆内存中就存在几个地址。如示例 7.5。

示例 7.5

```
public class ArrayDemo3 {
    public static void main(String[] args) {
```

```
        // 定义三个数组
        int[] arr = new int[2];
        int[] arr2 = new int[3];
        int[] arr3 = new int[3];
        // 分别输出数组名和元素
        System.out.println(arr);
        System.out.println(arr[0]);
        System.out.println(arr[1]);

        System.out.println(arr2);
        System.out.println(arr2[0]);
        System.out.println(arr2[1]);
        System.out.println(arr2[2]);

        System.out.println(arr3);
        System.out.println(arr3[0]);
        System.out.println(arr3[1]);
        System.out.println(arr3[2]);
        // 分别给数组中的元素赋值
        arr[1] = 10;
        arr2[0] = 20;
        arr2[2] = 30;
        arr3[0] = 40;
        arr3[1] = 50;
        arr3[2] = 60;
        // 分别输出数组名和元素
        System.out.println(arr);
        System.out.println(arr[0]);
        System.out.println(arr[1]);

        System.out.println(arr2);
        System.out.println(arr2[0]);
        System.out.println(arr2[1]);
        System.out.println(arr2[2]);

        System.out.println(arr3);
        System.out.println(arr3[0]);
        System.out.println(arr3[1]);
        System.out.println(arr3[2]);

    }
}
```

运行程序，结果如图 7-9 所示。

```
Problems  @ Javadoc  Declaration  Console
<terminated> ArrayDemo3 [Java Application] D:\Program Files\
[I@70dea4e
0
0
[I@5c647e05
0
0
0
[I@33909752
0
0
0
[I@70dea4e
0
10
[I@5c647e05
20
0
30
[I@33909752
40
50
60
```

图 7-9　多个数组初始化

未赋值前对应的内存分析图如图 7-10，堆中数据存放的是 int 类型的默认值 0；栈中的对象 arr 指向堆内存中的地址 0x001(系统随机分配)，arr2 指向堆内存中的地址 0x002，arr3 指向堆内存中的地址 0x003。

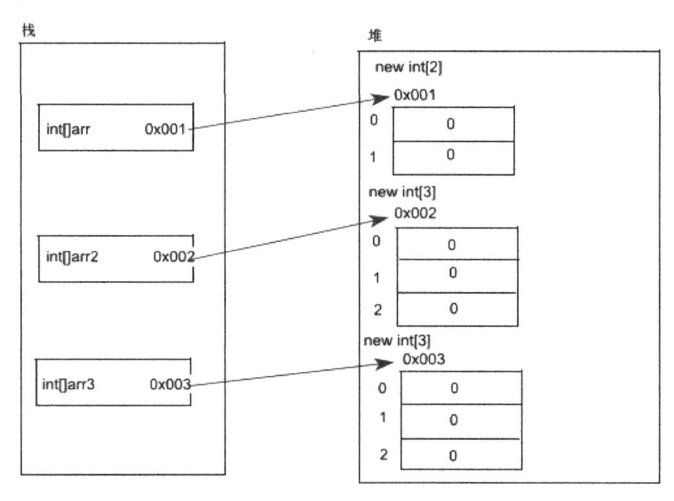

图 7-10　多个数组内存图(1)

赋值后对应的内存分析图如图 7-11 所示，将 10 赋给地址值为 0x001 的[1]数组元素，20、30 分别赋给地址值为 0x002 的[0]和[2]数组元素，40、50、60 分别赋给地址值为 0x003 的[0]、[1]和[2]数组元素，其余依旧是默认值 0。赋值前后地址值不变。

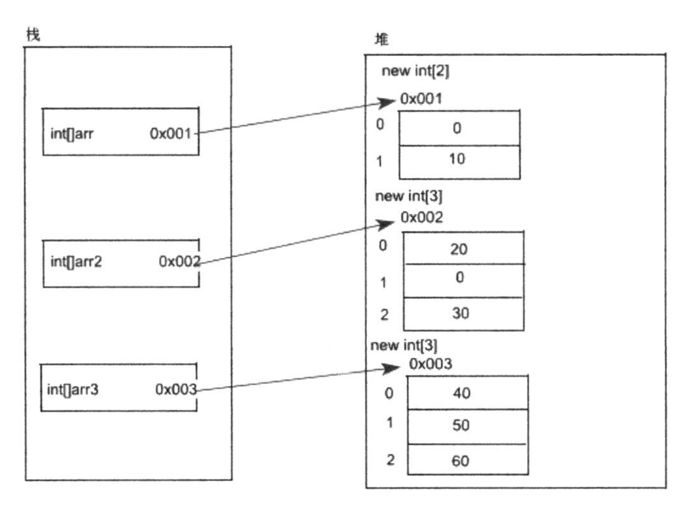

图 7-11　多个数组内存图(2)

7.7.4　多个数组指向同一地址的内存图

数组是一种引用数据类型，数组引用变量只是一个引用，数组元素和数组变量在内存里是分开存放的，当多个数组引用变量指向同一块内存地址时，其中一个数组元素值改变，其余指向此地址的数组也会受到影响。如以下示例所示。

示例 7.6

```
public class ArrayDemo4 {
    public static void main(String[] args) {
        // 定义一个数组
        int[] arr = new int[3];
        // 赋值
        arr[0] = 3;
        arr[1] = 4;
        arr[2] = 5;
        // 分别输出数组名和元素
        System.out.println(arr);
        System.out.println(arr[0]);
        System.out.println(arr[1]);
        System.out.println(arr[2]);
        // 定义第二个数组的时候，把第一个数组的地址赋值给第二个数组
        int[] arr2 = arr;
        // 给第二个数组赋值
        arr2[0] = 33;
        arr2[1] = 34;
        arr2[2] = 35;
        // 再次分别输出数组名和元素
        System.out.println(arr);
        System.out.println(arr[0]);
        System.out.println(arr[1]);
```

```
            System.out.println(arr[2]);
            System.out.println(arr2);
            System.out.println(arr2[0]);
            System.out.println(arr2[1]);
            System.out.println(arr2[2]);
        }
    }
```

运行程序，结果如图 7-12 所示。

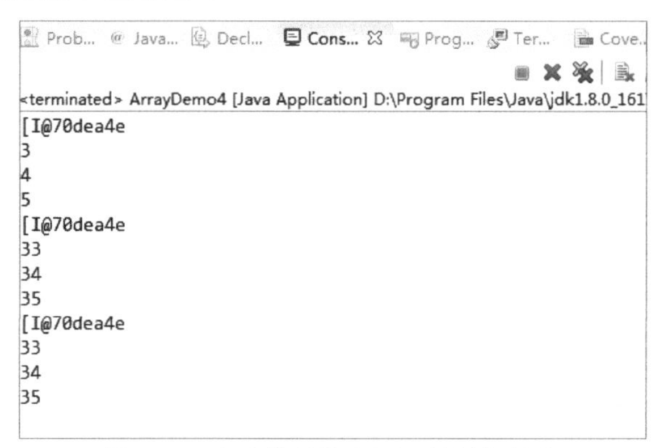

图 7-12　多个数组指向同一地址初始化

在未第二次改变元素值前，对应的内存分析图如图 7-13 所示，堆中数据存放的分别是3、4、5；栈中的对象 arr 指向堆内存中的地址 0x001(系统随机分配)，再将 arr 地址赋给 arr2，所以 arr2 同样指向堆内存中的地址 0x001，arr2 数组元素对应的值也是 3、4、5。

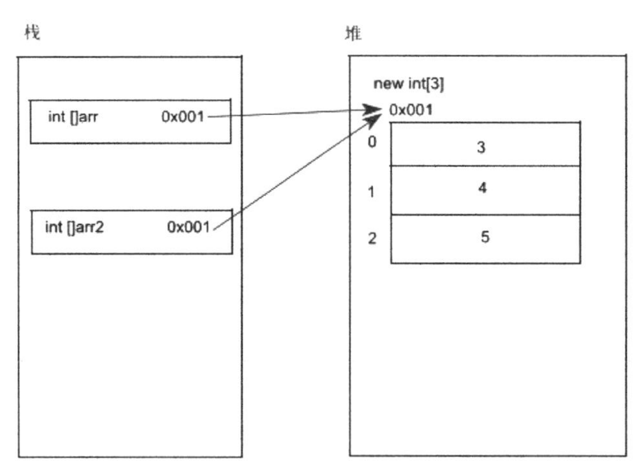

图 7-13　多个数组指向同一地址内存图

改变 arr2 数组元素值后，其内存分析图如图 7-14 所示，将 33、34、35 赋给地址值为 0x001 的[0]、[1]、[2]数组元素，由于 arr 也是指向堆内存地址为 0x001 的数组元素，因此 arr 数组元素的值也会改成 33、34 和 35。

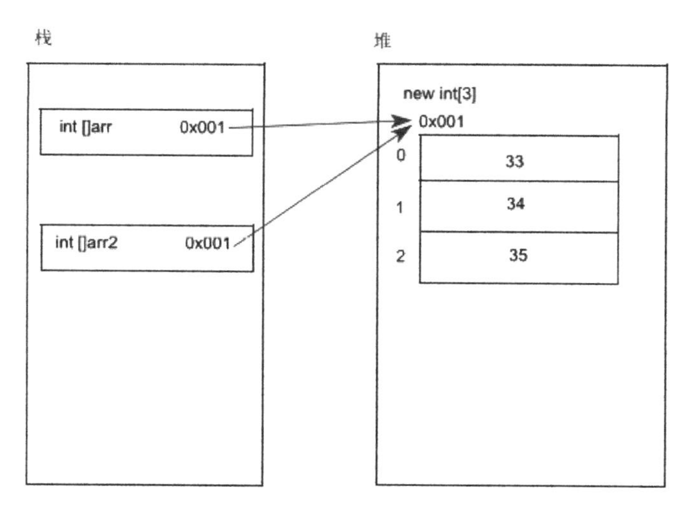

图 7-14　多个数组指向同一地址内存图

7.8　常见应用

由于数组的高效性，以及与循环合作的天然特性，使得数组能够处理很多复杂问题。在《计算机基础》课程中，曾讲解过常见的一些算法及其解答思路。其中提到了求最大值、最小值、平均值、查找数据、对一组数据进行排序等。但当时只是初步讲解了这些算法的基本实现过程，本节就尝试用 Java 语言解决这些问题。当然，更多的应用还需要在编程过程中逐渐积累，并加以总结。

7.8.1　数组的简化遍历 foreach

foreach 语句是 for 循环的特殊简化版本，对于数组和集合的遍历都会十分简便，在这里我们只学习对数组的遍历。foreach 语句可以简化代码，提高开发效率。

foreach 语句的语法格式如下：

```
for(元素类型 元素变量 x: 待遍历的数组){
引用了变量 x 的 Java 语句;
}
```

注意 foreach 并不是一个关键字，foreach 语句也不能完全取代 for 语句，我们通过以下示例来说明。

示例 7.7

```
public class ForeachDemo {
    public static void main(String[] args) {
        // 静态初始化一个数组
        int arr[] = { 1, 10, 13, 24, 35 };
        // for 循环输出一个数组中的所有元素
        for (int i = 0; i < arr.length; i++) {
```

```
                System.out.println(arr[i]);
            }
            System.out.println("----------------");
            // foreach简易循环
            for (int i : arr) {
                System.out.println(i);
            }
        }
}
```

运行程序，结果如图 7-15 所示。

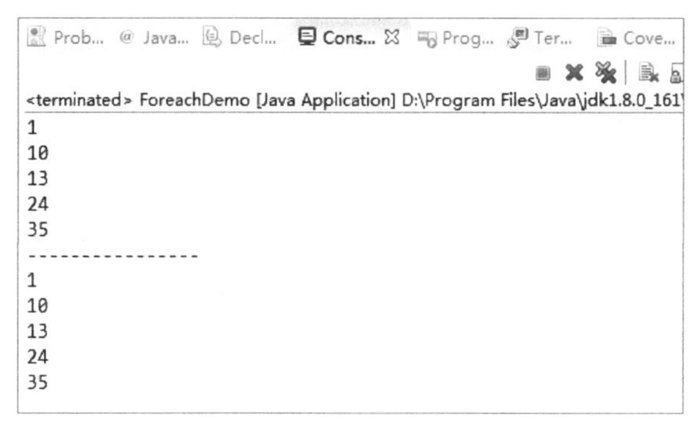

图 7-15　foreach 循环遍历

通过以上示例对比，会发现两者实现的功能是一样的，传统 for 循环对数组的遍历，是通过数组下标进行的，而 foreach 语句则直接可以获取从起始索引位置开始的值，代码更加简洁。但是当需要对索引进行操作时，foreach 语句将无法做到，因此应当合理地选用，以方便程序的开发。

7.8.2　求最大值(最小值)

问题：输入 5 位学员的年龄，求出学员的最大(最小)年龄。

分析：为了存储 5 位学员的年龄，可以使用 5 个变量分别存储。当然，最好的办法是定义一个数组存储(int [] ages = new int[5])，通过循环接收这些年龄。为求出最大年龄，首先定义一个变量(int max_age)，用于存储最大年龄。现在假定第一位学员的年龄是最大的，即 max_age=age[0]，然后让第二名学员的年龄和 max_age 进行对比，如果比 max_age 还要大，则把 max_age 存储的内容换为 age[1]，否则不变。依次让后续年龄和 max_age 对比，只要比 max_age 大，就更新 max_age，直到最后一个年龄。所以最终 max_age 内存放的就是全部年龄中的最大值。参考代码如下所示。

示例 7.8：

```
/**
 * 利用数组和循环求最大值、最小值
 * @author: hopeful
 *
```

```
 */
import java.util.Scanner;

public class MaxAgeDemo {
    public static void main(String[] args) {
        int []ages = new int[5]; //存储 5 位学员的年龄
        int max_age; //用来存储最大年龄
        int i = 0;
        Scanner scanner = new Scanner(System.in);
        //录入年龄
        System.out.println("请输入 5 位学员的年龄！");
        for(;i<ages.length; i++){
            System.out.print("第"+(i+1)+"位学员：");
            ages[i] = scanner.nextInt();
        }
        //计算最大年龄，首先假定第 1 位学员的年龄是最大的
        max_age = ages[0];
        //从第 2 位开始比较，i 初始值为 1
        for(i=1;i<ages.length; i++){
            //比当前最大值大，则替换
            if(ages[i]>max_age){
                max_age = ages[i];
            }
        }
        System.out.println("最大年龄为："+max_age);
    }
}
```

运行程序，结果如图 7-16 所示。

图 7-16　求最大值

本例使用了两次循环，一次用来给数组赋值，一次用来对数组求最大值。当然，知道了求最大值，那么，最小值、数据查找也就迎刃而解了，请同学们自己动手解决。

7.8.3　求平均值

问题：求出示例 7.8 中 5 位学员的平均年龄。

分析：我们知道，求一组数的平均值，首先需要把这组数累加，然后除以个数就可以了。

参考代码片段：

```
int avg_age ;                    //平均年龄
int sum_age = 0;                 //总年龄，注意一定要赋初值为 0
for(i=0; i<ages.length; i++){
    sum_age += ages[i];      //累加
}
avg_age = sum_age/ages.length;
System.out.println("平均年龄为："+avg_age);
```

7.8.4　对数组进行排序

数组的排序算法有很多，如冒泡排序、快速排序、选择排序等，可谓是学习算法、理解程序逻辑的绝佳素材，但限于时间，本节并不打算详细讨论这些算法，同学们可以根据相关素材进行练习。其实 Sun 公司在 Java 基础里已经提供了对数组的排序算法，大家一定还记得 Scanner 这个类，其实这只是 Java SE 中众多支持类中的一个而已，下面再介绍另一个实用类——Arrays。

在 Java 编程世界中，为方便程序设计人员的开发，Sun 公司编写了很多开发中常用的支持类，按照功能划分，分别放在不同的文件夹(专业术语叫做“包”)内，开发人员可以直接使用，不需要再编写。很显然，这种设计极大地节约了开发人员的精力，提高了开发效率。

Arrays 类就是 java.util 包中的一个类，是专门用来操作数组的一个类，其中包含排序和搜索等功能，使用方法很简单，只需要把要操作的数组交给 Arrays 就可以了，剩下的工作由它来完成。可以通过查阅 JDK Documentation 文档来、熟悉它的功能。当然，后面会详细讲解这些知识。本节只要求大家会用，并不一定要完全理解。

下面来看看 Arrays 类是如何对数组进行排序的，我们对学员年龄进行排序。

示例 7.9：

```
/**
 * 使用 Arrays 类对数组进行排序
 * @author: hopeful
 *
 */
import java.util.Arrays;
import java.util.Scanner;

public class ArraysDemo {
    public static void main(String[] args) {
        int []ages = new int[5]; //存储 5 位学员的年龄
        int i = 0;
        Scanner scanner = new Scanner(System.in);
        //录入年龄
        System.out.println("请输入 5 位学员的年龄！");
        for(;i<ages.length; i++){
```

```
            System.out.print("第"+(i+1)+"位学员：");
            ages[i] = scanner.nextInt();
        }
        //开始排序
        Arrays.sort(ages);
        //排序后结果
        System.out.println("排序后结果：");
        for(i=0;i<ages.length; i++){
            System.out.println(ages[i]);
        }
    }
}
```

运行结果如图 7-17 所示。

```
Problems  @ Javadoc  Declaration  Console
<terminated> ArraysDemo [Java Application] D:\Program Files
请输入5位学员的年龄！
第1位学员：18
第2位学员：25
第3位学员：20
第4位学员：19
第5位学员：23
排序后结果：
18
19
20
23
25
```

图 7-17　使用 Arrays 类对数组进行排序

7.9　常见问题

问题 1：声明、初始化错误

数组声明、初始化的时候，很容易发生以下错误：

```
/**
 * 声明、初始化错误
 * @author:hopeful
 */
public class Question0 {
    public static void main(String[] args) {
        //错误写法 1
        int [] arr1;
        arr1 = {1, 2, 3, 4};
        //错误写法 2
        int [] arr2;
        arr2[0] = 1;
        arr2[1] = 2;
        //错误写法 3
```

```
            int [3] arr3;
            //错误写法 4
            char [] c = new char[2]{'a', 'b'};
            //错误写法 5
            int [] arr5 = {'a' , 1 , "b"}
            //...
        }
}
```

可以看到，不小心会犯的错误实在太多了，上例还只是稍稍列举了部分一维数组的情况，但已经令人眼花缭乱。那么怎么才能快速而正确地使用数组呢？很简单，错误的路途很多，但正确的路途只有一个，所以我们要拨云见日，牢记正确的道路，远离错误的道路，这个问题自然就迎刃而解了。

问题 2：下标越界

这是数组操作中最常见的错误之一，原因在于不了解 Java 数组中下标是从 0 开始的，所以最后一个元素，其下标为“元素个数-1”。例如：

```
/**
 * 数组下标越界
 * @author:hopeful
 *
 */
public class Question1 {
        public static void main(String[] args) {
            //定义一个整型数组，长度为 3
            int [] a = new int[3];
            int i;
            //赋值
            a[1] = 1;
            a[2] = 2;
            a[3] = 3;
            //循环打印出数组元素的值
            for(i = 1; i<4; i++){
                System.out.println(a[i]);
            }
        }
}
```

一共三个元素，下标应该是从 0 到 2，但上述示例认为从 1 到 3。结果发生了错误。大家要注意总结这些错误。例如本例中，IDE 报告的错误为：

```
Exception in thread "main" java.lang.ArrayIndexOutOfBoundsException: 3 at Question1.main
(Question1.java:14)
```

其中，ArrayIndexOutOfBoundsException 表示数组下标越界异常。

【单元小结】

- 数组是内存中有序数据的集合，数组中每个元素具有相同的数据类型，且在内存中的顺序是相邻的。
- 数组必须先声明，对其初始化以后才能使用。对数组初始化分为静态初始化和动态初始化两种方式。
- 通过下标来访问数组中的每个元素，注意下标是从 0 开始的。
- 数组可以分为一维数组和多维数组。二维数组可以理解为一维数组的集合。
- 数组引用变量存放在栈内存中，数组元素存放在堆内存中。
- 数组结合循环可以实现很多有用的功能，如求最大值、最小值、平均值、搜索数据、排序等。

【单元自测】

1. 定义如下数组：

```
String[]  s = { "ab", "cd", "ef"};
```

运行语句 System.out.println(s[3])，程序运行结果为(　　)。

A. ab　　B. cd　　C. ef　　D. 程序发生错误，下标越界

2. 声明数组如下：

```
float [][] f = new float[2][3];
```

那么该数组一共有(　　)个元素。

A. 2　　B. 4　　C. 6　　D. 8

3. 下面定义数组语句，正确的是(　　)。

A. int arr = new arr[5];　　B. int ary = {1, 2, 3, 4, 5};

C. int[] ary = new arr[5];　　D. int[] arr = {-1, "2", 3, 4, 5};

4. 执行以下程序片段，结果为(　　)。

```
int arr[] = {0, 1, 2, 3, 4, 5, 6, 7, 8, 9, 10};
System.out.println( arr[9] + arr[10] );
```

A. 17　　B. 18　　C. 19　　D. 程序执行错误

5. 以下代码运行结果为(　　)。

```
char [] arr;
int n = 3;
n *= n * 2 -1;
arr = new char[n];
System.out.println(arr.length);
```

A. 15　　B. 16　　C 17　　D. 5

【上机实战】

上机目标

- 熟练使用一维数组
- 熟练使用二维数组

上机练习

◆ 第一阶段 ◆

练习 1：使用数组处理保存、处理数据

【问题描述】

2008 年 8 月份轿车品牌月度销售排行榜(前十名)如表 7-1 所示，请使用数组保存品牌名称、销售数量、市场占有率等信息，并计算出该月销售总量和市场总占有率。

表 7-1　2008 年 8 月份轿车品牌月度销售排行榜

排　名	品牌名称	销售数量/辆	市场占有率/%
1	捷达	18 927	5.49
2	雅阁	14 437	4.19
3	桑塔纳	12 622	3.66
4	凯越	12 336	3.58
5	卡罗拉	11 657	3.38
6	比亚迪 F3	10 579	3.07
7	凯美瑞	10 165	2.95
8	雪佛兰乐风	8316	2.41
9	奥迪 A6L	7866	2.28
10	福克斯	7751	2.25

【问题分析】

根据题意可以得出需要三个数组来保存数据，根据数据的类型不同，对于品牌名称，需要使用字符串数组；对于销售数量，可以使用整型数组；对于市场占有率，由于是小数，可以使用浮点型数组。

首先定义数组，给数组赋值后，输出这些信息，然后通过计算，得出并输出前十名销售总数和市场占有率。

【参考步骤】

(1) 建立 Java 文件 CarSellDemo.java。

(2) 编写代码。

```
/**
 * 使用数组处理汽车销售情况
 * @author:hopeful
 *
 */
public class CarSellDemo {
    public static void main(String[] args) {
        //定义三个数组，分别保存前十名的品牌、销量、市场占有率
        String [] carNames = {"捷达", "雅阁", "桑塔纳", "凯越", "卡罗拉",
"比亚迪 F3", "凯美瑞", "雪佛兰乐风", "奥迪 A6L", "福克斯"};
    int [] cellCounts ={18927, 14437, 12622, 12336, 11657, 10579, 10165, 8316, 7866, 7751};
    float [] ratios = {5.49f, 4.19f, 3.66f, 3.58f, 3.38f, 3.07f, 2.95f, 2.41f, 2.28f, 2.25f};

        //打印销售情况表
        int i;
        System.out.println("排名\t\t 品牌\t\t 销量\t\t 市场占有率");
        for(i=0; i<carNames.length; i++){
System.out.println( (i+1)+"\t\t"+carNames[i]+"\t\t"+cellCounts[i]+"\t\t"+ratios[i]);
        }
        //横线
         System.out.println("--------------------------------------------------");
        //计算总销售量、总市场占有率
        int count = 0;
        float ratio = 0.0f;
        for(i=0; i<cellCounts.length; i++){
            count = count + cellCounts[i];
            ratio = ratio + ratios[i];
        }
        //输出
        System.out.println("前十名总销售数量："+count);
        System.out.println("前十名总市场占有率"+(int)(ratio*100)/100.0+"%");
    }
}
```

输出市场占有率的时候，使用了(int)(ratio*100)/100.0，目的是去除 Java 处理时多余的小数位。

练习 2：在数组中查找某个数值

【问题描述】

某个班级的分数保存在数组中，查看该班级中有没有得满分(100 分)的学员。

【问题分析】

这需要用到查找的算法，查找算法从数组中的第一个元素开始，依次与要查找的值进行比较，如果两者相等，说明数组中包含这个数，如果找到最后一个数字的时候，依然没有相对应的值，则证明该数组中不包含所找的值。

【参考步骤】

(1) 建立 Java 文件 Marks.java。

(2) 编写代码。

```
/**
 * 查找有无满分学员
 * @author: hopeful
 *
 */
public class Marks {
    public static void main(String[] args) {
        //要查找的数组
        int[] scores = {80, 69, 56, 75, 88, 99, 100, 25, 69, 81, 100, 98 };
        int n = 100; //要查找的数

        //表示是否找到指定的数
        boolean bFound = false;
        for (int i = 0; i < scores.length; i++) {
            if (scores[i] == n) {
                //在数组中找到了满分，不需要再继续找，终止循环
                bFound = true;
                break;
            }
        }
        if (bFound) {
            System.out.println("有满分人员");
        } else {
            System.out.println("无满分人员");
        }
    }
}
```

程序对数组进行循环，在循环过程中，不断让满分 100 和数组中的元素进行对比。首先定义一个布尔值变量，赋值为 false，如果发现条件相符，则证明找到这个数字，把布尔变量修改为 true，这时就不需要再继续往后找了，循环终止。如果循环到结束的时候依然没有找到，即条件从来没有满足过，则布尔变量的值一直是 false，所以在程序最后对变量进行判断，如果是真，证明找到，否则证明没有要找的数字。

◆ 第二阶段 ◆

练习 3：求矩阵对角线之和

【问题描述】

有如下 5×5 的矩阵，求出矩阵两条对角线上数字之和。

1　2　3　4　5
6　7　8　9　10
11　12　13　14　15
16　17　18　19　20
21　22　23　24　25

【问题分析】

(1) 定义 5×5 的二维数组。

(2) 使用循环将矩阵数据填充到数组中。

(3) 根据对角线满足的规律，找出对角线上的所有元素，进行累加。

(4) 要注意，位于中心的数字，同时位于两条对角线上，有可能被累加两次，所以遇到这种情况时，需要减去重复的一个。

练习 4：杨辉三角

【问题描述】

使用二维数组计算并打印杨辉三角的前 10 行:

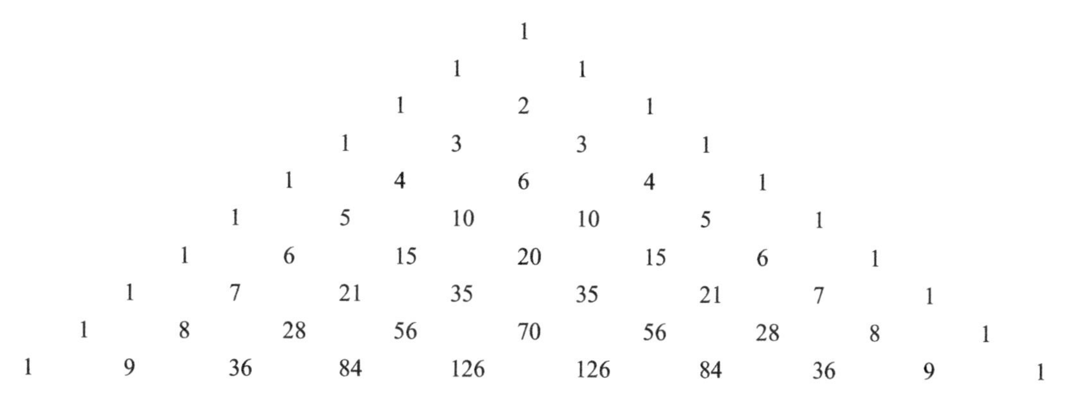

【问题分析】

杨辉三角横行的数字规律主要包括横行各数之间的大小关系、组合关系以及不同横行数字之间的联系。

杨辉，字谦光，北宋时期杭州人。在他 1261 年所著的《详解九章算法》一书中，收录了如上所示的三角形数表。

杨辉三角中的某数等于它上行另两数之和。特别地，在数学运算中，此数列中各行中的数字正好是二项式 $a+b$ 乘方后，展开各项的系数，例如:

$(a+b)^2 = a^2+2ab+b^2$

$(a+b)^3 = a^3+3a^2b + 3ab^2+b^3$

如何求得杨辉三角的各个数字呢？由于数据众多，首先需要定义一个 10×10 二维数组，寻找三角形的规律会发现，每行第一个和最后一个数字都是 1，且每行的数字个数和行数相等。位于中部的数字，其值和这个数字上方的两个数字之和相等。有了这些规律，那么打印杨辉三角就不是什么难题了。

练习 5：演讲比赛评分

【问题描述】

在本校演讲比赛中，共有 3 位学员进入决赛，现在需要这三位优胜者再次比赛，以此决出其中的冠军、亚军和季军。经过紧张比赛后，他们的决赛成绩出来了，如表 7-2 所示。

表 7-2 比赛成绩

学员\评委	评委 1	评委 2	评委 3	评委 4	评委 5	评委 6	评委 7	评委 8
张三	9.65	9.40	9.95	9.55	9.65	9.80	9.75	9.20
李四	9.15	9.80	9.45	9.65	9.90	9.85	9.70	9.30
王五	9.40	9.45	9.50	9.30	9.95	9.20	9.60	9.85

如上共有 8 位评委进行打分，在计算得分时，去掉一个最高分，去掉一个最低分，然后剩余的 6 位评委的分数进行平均，就是该选手的最终得分。

请通过计算，按照最终得分的高低宣布各个名次。

【问题分析】

该题实际上涉及求数组的最大值、最小值，以及求数组中所有元素的和，也是数组方便统计的用途体现。

实现思路：求出数组元素的最大值、最小值以及和，然后用和减去最大值与最小值，再除以 6 获得得分。

【拓展作业】

1. 某个数组长度为 10，每个数组元素只能放置 0～15 的数值，请使用 num[i] = new Random().nextInt(15)对数组进行初始化，并判断这个数组中是否存在相同的元素，如果存在相同的元素则输出“重复”，否则输出“不重复”。
2. 将任意一个十进制数字转换为二进制形式，并输出转换后的结果(使用数组存储)。
3. 在某个字符数组中查找某个字符出现的次数。
4. 对一个由 5 个整数组成的数组，按照其内元素的大小依降序排序。
5. 对一个数组 arr{100,70,50,30,10,0}，实现当向 arr 内插入任意一个数字后，arr 仍然按降序排列。例如，向 arr 内插入数字 40，则新数组应为 arr{100,70,50,40,30,10,0}。

单元 八

Java 方法的应用

课程目标

- 理解 Java 的方法
- 掌握方法的调用
- 掌握方法的参数

简 介

通过单元一～单元七的学习，我们基本掌握了Java基础部分的内容，这其中涉及Java的数据类型、Java的开发过程、运算符和表达式、分支结构、循环结构以及数组。这些内容是Java以及其他语言开发过程中必不可少的一部分。可以说，前7单元是大部分语言的编程基础，是各种语言的公共部分。本单元将继续深入，逐步进入Java编程的核心。

8.1 方法概述

“方法”一词来源于生活，反映到计算机编程中，指的是某个问题的处理方式，例如main方法是解决所有问题的主干道，程序总是从main方法开始执行。之前各位在编写程序的时候，都是把所有代码放在main方法内，也就是说，把解决问题的步骤全部都放在一起。那么，这么做好不好呢？

诚然，假如一个问题很简单，例如只是输出某些信息、进行简单的计算等，那么全部放在main方法中倒也无可厚非。但是，对于编程人员处理的问题来说，往往是远非如此单调的，在大部分情况下，程序人员需要面对异常复杂的对象。例如某个保险的办理流程，将根据不同的人群、不同的年龄、不同的需求、保密等级等而变化。某个房地产商的销售活动中，将根据不同的订购日期、不同的楼盘、不同的楼层等众多问题，适用不同的价格。对于这些比较复杂的问题，代码将达到几千行，甚至数百万行，如果把所有的处理代码都放在main方法内，势必会造成main方法非常庞大，代码难以阅读，开发维护困难，而且，一旦更改了某个地方，很有可能会影响到其他地方。还有，对于这么庞大的项目而言，一人之力是无法完成的，往往需要多个人共同完成，每个人负责实现一部分功能，但如果只有main方法，那么不便于众人合作。

这些问题的解决办法，就是把程序功能分成小块，每个小块负责一部分功能，最终在main方法内把这些小块整合起来，就像搭积木一样，完成整个功能。在Java中，可将处理这些小块的代码抽象为独立的部分，并为其指定一个有意义的名称，定义为一个方法。程序可以按特定的规则使用这些方法，使用的过程称为方法调用。

8.2 方法的定义

在掌握方法的定义前，应该明白在什么情况下需要定义方法。一般来说，如果一个小功能块比较完整，可以重复利用。例如，对一串数字求最值、排序、某个业务流程等，都可以把这些功能实现放在某个方法内。方法在被使用之前必须要定义，那么如何定义方法呢？我们已经知道main方法的书写规则了，其实，现阶段接触到的方法，基本类似于main方法的写法。定义方法的语法为：

```
//main 方法定义
```

```
public static void main(String [] args){…}
//方法定义的语法
<adjunct type><return type> <method name> ( <type> <arg1>, <type> <arg2> …){
}
```

对比 main 方法的定义，可以看到，一个正确的方法定义，应该包含如下部分：

- 修饰符(adjunct type)。
- 返回类型(return type)。
- 方法名(method name)。
- 参数(arg1、arg2…)。
- 方法体。

adjunct type 指方法的修饰符，如 main 方法的 public、static。关于修饰符，本单元并不做具体解释，而是先行使用，具体知识将在后面深入探讨。

return type 说明方法执行完成后返回值的变量类型。如果方法没有返回值，使用 void 关键字说明。从 main 方法的格式中可以看到，main 方法执行完毕后，没有返回值。当然，对于其他方法而言，根据具体的需求，返回类型可能是 int、float、String 甚至数组等。

method name 说明方法的名称，方法名的写法和变量的书写格式类似，必须是合法的标识符，比较好的做法是根据方法所要完成的功能来描述方法名。

圆括号内的列表表示参数，参数列表描述方法的参数个数和各参数的类型。参数可以有多个，也可以没有参数。参数之间使用逗号分隔开。main 方法可以接收一个字符串数组作为参数。

大括号内是方法体，是完成功能的代码。

所有方法的位置都是并列的，与 main 方法一样，在类的大括号内部，注意方法内不能再定义方法。

示例 8.1：

```
/**
*方法的定义
*@author: hopeful
*/
public class Demo1{
//定义一个方法，用来向访客打招呼
public static void sayHello(){
System.out.println("Hello HOPEFUL!");
}

public static void main(String[] args) {
        //重复调用 sayHello 方法 5 次
        for ( int i = 1;   i <= 5;   i++ ){
            System.out.println("第" + i +"次调用!");
            sayHello();          //方法的调用
        }
    }
}
```

示例 8.1 首先定义了一个方法，采取的格式为“public static…”，这种写法让这个方法可在 main 方法内直接被调用，本节暂不解释这种写法的原理，同学们可以先行使用，后续课程中会做详细讲解，在整个第一学期内，我们定义的方法格式都是这样的。它的功能是输出一句话：Hello HOPEFUL!

在 main 方法内，使用循环重复调用 sayHello 方法，所以本例输出结果如图 8-1 所示。

```
<terminated> Demo1 (2) [Java Application] D:\Program Files\Java\jdk1.8.0_161\bin\
第1次调用!
Hello HOPEFUL!
第2次调用!
Hello HOPEFUL!
第3次调用!
Hello HOPEFUL!
第4次调用!
Hello HOPEFUL!
第5次调用!
Hello HOPEFUL!
```

图 8-1　调用方法输出结果

8.3　方法的返回值

8.3.1　基本数据类型的返回值

方法可以完成一定的功能，也可以返回一定的结果。例如某个方法的功能是求出指定的两个数的乘积，则这个方法可以采取两种做法来给出结果，第一种办法是自身输出结果，第二种办法是把结果返回给调用者。方法若要返回结果，需要使用 return 语句。分别来比较一下这两种办法。

示例 8.2：找出 100 以内能被 8 整除的最大整数

```
/**
 * 方法无返回值——自身输出结果
 * @author: hopeful
*/
public class Demo2 {
    //返回类型为 void，即无返回值
    public static void getNum(){
        int i = 100;
        for(;i>=0;i--){
            if(0 == i%8 ){
                break;
            }
        }
        //输出结果
        System.out.println(i);
```

```
    }
    public static void main(String[] args) {
        getNum();           //调用方法
    }
}
```

本例通过 getNum 方法找出 100 以内能被 8 整除的最大数字，在 getNum 方法内，首先对 100～0 间的数字进行循环，判断能否被 8 整除，一旦发现，即刻终止循环，并输出 i 的值。在 main 方法内，调用 getNum 方法。要注意所有工作都是在 getNum 方法内完成的，包括求出满足条件的值，以及输出该值。其实在大部分情况下，需要把值返回给调用者，让调用者使用。

示例 8.3：有返回值的方法

```
/**
 * 方法有返回值
 * @author: hopeful
 *
 */
public class Demo3 {
    //返回类型为 int
    public static int getNum(){
        int i = 100;
        for(;i>=0;i--){
            if(0 == i%8 ){
                break;
            }
        }
        //不再输出结果，而将结果返回给调用者
        return i;
    }
    public static void main(String[] args) {
        int num = getNum();             //调用方法，得到结果
        System.out.println(num);
        num++;                          //应用结果...
        System.out.println(num);
    }
}
```

本例中，getNum 方法的功能和上例一样，都是求出 100 以内能被 8 整除的最大数字，但是，本例没有在 getNum 方法内输出最终结果，而是把结果返回给调用者，这将使得结果能被更灵活地运用。

其中，return 语句代表返回结果给调用者，如果一个方法定义的时候，指定了返回值，则必须有 return 语句把结果返回，否则程序将报告错误。一个方法只能返回一个值，不能返回多个值。返回值的数据类型必须与方法定义的返回值数据类型一致。

8.3.2 数组类型的返回值

在 Java 语言中，数组可用作方法的返回值。

例如，编写一个方法，求一组数的最大值、最小值和平均值。

示例 8.4：

```
/**
 *数组作为有返回值的方法
 * @author: hopeful
 *
 */
public class ReturnArray {
    public static void main(String[]args) {
        double a[] = { 1.1, 3.4, -9.8, 10 };
        double b[] = max_min_ave(a);
        for (int i = 0; i < b.length; i++)
            System.out.println("b[" + i + "]=" + b[i]);
    }

    static double[] max_min_ave(double a[]) {
        double res[] = new double[3];
        double max = a[0],    min = a[0],    sum = a[0];
        for (int i = 0; i < a.length; i++) {
            if (max < a[i])
                max = a[i];
            if (min > a[i])
                min = a[i];
            sum += a[i];
        }
        res[0] = max;
        res[1] = min;
        res[2] = sum / a.length;
        return res;
    }
}
```

不仅一维数组可以作为方法的返回值，多维数组同样可以。

例如，编写一个方法，把 1×1～10×10 的结果依次存入二维数组中，并输出二维数组的结果。

示例 8.5：

```
/**
 *二维数组作为方法的返回值
 * @author: hopeful
 *
 */
```

```
public class ArrayTest {
    public static int[][] getArray() {
        int[][] arr = new int[10][10];
        for (int i = 1; i < 10; i++)
            for (int j = 1; j < 10; j++)
                arr[i][j] = i * j;
        return arr;
    }

    public static void main(String[] args) {
        int[][] b;
        b = getArray();
        for (int i = 1; i < 10; i++) {
            for (int j = 1; j < 10; j++)
                System.out.print(b[i][j] + " ");
            System.out.println();
        }
    }
}
```

8.4　方法的参数

参数指要传递给方法的初始条件，例如打印资料，那么在调用打印方法时，必须把要打印的资料、空白纸张，以及一些如纸张大小、黑白度等初始条件传递给打印方法，这样打印方法才可以工作，打印完毕后，返回打印了字的纸张。这里有两重含义，第一是打印方法需要参数，第二是若要调用打印方法，必须传递对应的参数，传递过去的参数值不一定是一样的，既可以是黑白墨水，也可以是彩色墨水，纸张大小也无所谓，但是类型必须一致。

之前所讲解的方法，都没有任何参数，其实这是很不灵活的。例如，对于示例 8.3，getNum 方法可以求出 100 以内符合条件的值，但是，如果现在需求变更为求出 100～200 之间满足条件的值呢？那么这个方法就失去了灵活性，我们被迫需要重新编写一个新的方法来解决这个问题。如何能编写一个方法，能处理所有情况呢？这就是给方法携带参数，方法有了参数，简直就像给老虎插上翅膀一样，异常灵活而强大。

例如，让 getNum 方法接收两个整数，让 getNum 方法求出两者之间能被 8 整除的最大数字。

示例 8.6：带参数的方法

```
/**
 * 带参数的方法
 *
 * @author: chyt
 *
```

```
 */
public class Demo4 {
    //返回类型为 int，接收两个参数
    public static int getNum(int begin, int end) {
        //为了便于查找，先判断出两个数字的大小，大的放在 max 内，小的放在 min 内
        int max = begin > end ? begin : end;
        int min = begin > end ? end : begin;
        //让 i 从 max 开始循环，一直到 min
        int i = max;
        for (; i >= min; i--) {
            if (0 == i % 8) {
                break;
            }
        }
        //不再输出结果，而是把结果返回给调用者
        return i;
    }

    public static void main(String[] args) {
        int num;
        num = getNum(0，  100);      //调用方法，传递参数，得到结果
        System.out.println(num);
        num = getNum(200，  100);
        System.out.println(num);
    }
}
```

本例中方法定义为 **public static int** getNum(**int** begin，**int** end)，使得 getNum 方法更为灵活，由于题目的要求是求出满足条件的最大数字，所以在方法内，为便于循环，首先判断 begin 和 end 的大小，然后由大到小进行循环，并返回最终结果。在 main 方法内，可以多次调用 getNum 方法，实现对任意数字区间的求解。

方法的参数分为形式参数和实际参数，简称为形参和实参。形参是指定义方法时方法列表中的参数(begin 和 end)，而实参指的是方法调用时传递的参数。定义一个方法时，形参的值是不确定的，它的值是由实参传递的。

再次强调，形参、实参的个数、类型、顺序必须是匹配的。方法需要什么类型的参数列表，在调用时就要传递什么类型的参数。打印机需要纸张和墨水作为打印的参数，但如果把砖头、水泥丢进去，很显然是消化不了的。

示例 8.7：

```
/**
 * 打印机程序示例
 * @author:hopeful
 *
 */
public class Printer {
    //装载纸张
```

```
public static boolean loadPaper(int papers){
    boolean isPaperOk = false;
    //查看是否有纸张
    System.out.println("用户放入的纸张页数为："+papers);
    if(papers>0){
        System.out.println("装载纸张！");
        isPaperOk = true;
    }else{
        System.out.println("缺少纸张！");
        isPaperOk = false;
    }
    return isPaperOk;
}
//装载墨盒
public static boolean loadCartridge(String color){
    boolean isCartridgeOk = false;
    //测试墨盒是否正确
    System.out.println("用户放入的墨盒为：" + color);
    if("黑白".equals(color)==true || "彩色".equals(color)==true){
        System.out.println("装载墨盒！");
        isCartridgeOk = true;
    }else{
        System.out.println("对不起，不支持此种类型的墨盒！");
        isCartridgeOk = false;
    }
    return isCartridgeOk;
}
public static boolean doPrint(String color，int papers){
    //是否能成功打印
    boolean isSuccess = false;
    System.out.println("打印机启动……");
    //调用纸张、墨盒装载程序
    if(loadPaper(papers) && loadCartridge(color)){
        System.out.println("装载成功！正常打印");
        isSuccess = true;
    }else{
        System.out.println("装载失败！");
        isSuccess = false;
    }
    System.out.println("打印系统关闭……");
    return isSuccess;
}
public static void main(String[] args) {
    System.out.println("开始测试打印机！");
    //对打印机进行测试，查看返回值是否为真
    if(doPrint("黑白"，10)){
        System.out.println("测试通过！");
    }else{
        System.out.println("测试失败！");
```

```
            }
        }
    }
```

本例定义了四个方法：

(1) loadPaper 方法用来装载纸张，需要接收纸张数的参数(int 类型)，如果纸张数小于 1，报告错误，返回假。

(2) loadCartridge 方法用来装载墨盒，需要接收墨盒色彩的参数(String 类型)，如果墨盒既不是黑白墨盒，也不是彩色墨盒，则报告错误，并返回假，表示装载墨盒失败。注意其中的“"黑白".equals(color)==true”这句话使用了 String 字符串的 equals 方法，用来检测 color 变量的值是否为“黑白”，黑白或者彩色，只要有一个满足，即表示墨盒可以成功装载。如果忽略大小写的比较，可以把 equals 方法换为 equalsIgnoreCase 方法。

(3) doPrint 方法用来执行打印，需要接收纸张数、墨盒色彩两个参数，在执行过程中，分别调用 loadPaper(传递了纸张数)、loadCartridge(传递了墨盒色彩)两个方法，查看纸张和墨盒是否合格，只要有一个不合格，打印失败，返回假。所以 doPrint 方法其实是一个组装者，由 doPrint 方法统一管理其他方法。

(4) main 方法调用 doPrint 方法测试打印机能否正常工作，并传递参数，根据传递参数的不同，打印机工作可能正常，也可能失败。

从代码可以看出，程序结构如图 8-2 所示。

main 方法调用了 doPrint 方法，而 doPrint 方法又调用 loadPaper 和 loadCartridge 方法。运行程序，结果如图 8-3 所示。

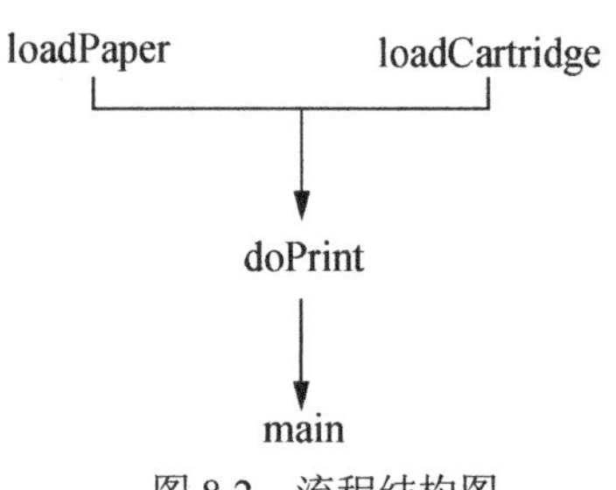

图 8-2　流程结构图

图 8-3　程序运行结果

假如在 main 方法内调用 doPrint 方法时，不传递正常的参数，而传递特殊的参数，例如把墨盒改为 CMYK，采用印刷品行业的色彩模式，或者把纸张数改为 0，则打印测试将失败，如图 8-4 和图 8-5 所示。

Prob... Java... Decl... Cons... Prog... Ter... Cove

<terminated> Printer [Java Application] D:\Program Files\Java\jdk1.8.0_161\bin\

开始测试打印机!
打印机启动......
用户放入的纸张页数为：10
装载纸张!
用户放入的墨盒为：CMYK
对不起,不支持此种类型的墨盒!
装载失败!
打印系统关闭......
测试失败!

图 8-4　错误的色彩模式

图 8-5　错误的纸张数

当然，假如这么调用：doPrint(0,"彩色")，由于错误的参数类型，程序压根就不会执行，这要和图 8-4、图 8-5 中的“测试失败”区分开来。

8.5 常见问题

问题 1：返回值错误

返回值只能有一个，我们应当保证有且只有一个返回值。如果一个方法要求返回一个值，那么方法内必须要返回 return 语句。

```
public class Err1 {
    public static   int test(int i){
        if(i>0){
            return 1;
        }else{
            return 2;
        }
        return 3;                          //错误，不可能到达的代码
        System.out.println("Hello !");     //错误，不可能到达的代码
    }
}
//正确，虽然有多个 return 语句，但只有一个会被执行
public class Succ {
    public static   int test(int i){
        if(i>0){
            return 1;
        }else{
            return 2;
        }
    }
}
//错误，返回值类型错误
public class Err2 {
    public static   int test(int i){
        return i*10+2.5;
    }
}
public class Err3 {
    public static   int test(int i){
        return i+1，i+2;          //错误，不能返回多个值
    }
}
```

问题 2：方法的参数错误

如果一个方法的定义要求带参数，当调用这个方法时，必要传递个数相同、顺序相同、

类型匹配的参数。

```
public class Err1 {
    public static void giveMeaChance(int age, String name){
        System.out.println("your name is "+ name);
        System.out.println("your age is " + age);
    }
    public static void main(String[] args) {
        giveMeaChance("张学友", 20);          //顺序错误
        giveMeaChance(20.5, "张学友");        //类型错误
        giveMeaChance("Beyond");             //个数错误
        giveMeaChance(45, "张学友");          //正确
    }
}
```

【单元小结】

- 方法是类中相对独立的单元，用来完成一个独立功能。可以在程序中调用这些方法。
- 使用方法可以使程序容易维护，提高程序功能块的复用性。
- 方法在类中声明，包括限定符、返回类型、方法名、参数列表、方法体。
- 可使用一个单独的语句来调用方法，也可以把方法作为表达式的一部分，使方法返回值直接参与运算。
- 参数分为形式参数、实际参数。
- 使用 return 语句使方法返回一个值，返回值的类型必须与方法定义的返回值一致。
- 使用普通变量作为参数，形参改动不会影响实参；数组作为参数，形参数组的值改变，实参数组中的值也会改变。
- 对于 public static 类型的方法，可以直接通过类的名称带上点操作符来调用方法。

【单元自测】

1. 下面对于方法的描述，正确的有(　　)。
   A. 方法可以返回多个值
   B. 方法必须返回一个值
   C. 方法可以有多个参数
   D. 在方法内可以定义其他方法
   E. return 只能用在需要返回值的方法中
2. 以下代码运行后，结果输出(　　)。

```
public class Test {
        public static void main(String[]args) {
            String str = new String("good");
```

```
        char[] ch = { 'a', 'b', 'c' };
        change(str, ch);
        System.out.print(str + " and ");
        System.out.print(ch);
    }
    public static void change(String str, char ch[]) {
        str = "test ok";
        ch[0] = 'g';
    }
}
```

A. good and abc　　B. good and gbc

C. test ok and abc　　D. test ok and gbc

3. 以下代码运行后，结果输出(　　)。

```
public class Test {
    public static boolean methodB(int j) {
        j += 1;
        return true;
    }
    public static void methodA(int j) {
        boolean b;
        b = j > 10 & methodB(4);
        b = j > 10 && methodB(8);
    }
    public static void main(String []args) {
        int j = 0;
        methodA(j);
        System.out.println(j);
    }
}
```

A. 0　　B. 1　　C. true　　D. false

4. 运行以下代码，结果为(　　)。

```
public class MyClass {
    public static void main(String[]arguments) {
        amethod(arguments);
    }
    public void amethod(String[] arguments) {
        System.out.println(arguments);
        System. out.println(arguments[1]);
  }
}
```

A. error can't make static reference to void a method

B. error method main not correct

C. error array must include parameter

D. a method must be declared with String

5. 阅读以下代码，如果希望程序运行后，得到结果为 Equal，那么横线处可以放置的代码有(   )。

```
public class EqTest {
    public static void main(String[]argv) {
            String s1 = "Java";
            String s2 = "java";
            _______{
                System.out.println("Equal");
            } else {
                System.out.println("Not equal");
            }
    }
}
```

A. if(s1==s2)

B. if(s1.equals(s2))

C. if(s1.equalsIgnoreCase(s2))

D. if(s1.noCaseMatch(s2))

【上机实战】

上机目标

- 熟练使用静态方法
- 熟练使用方法参数

上机练习

◆ 第一阶段 ◆

练习 1：使用方法进行四则运算

【问题描述】

编写若干方法，分别用于完成对两个整数的算术运算，在 main 方法中，要求用户输入两个运算数字和运算符号，根据用户所输入的运算符号调用对应的方法。

【问题分析】

对于算术运算，可以是加、减、乘、除或取模等。首先接收用户输入的两个数字以及运算符号，当用户输入运算符号后，可使用 switch-case 语句进行判断，调用相关的方法进行运算。注意，switch 结构只能对整数(包括 char)进行判断，而不能对字符串进行判断。

【参考步骤】

(1) 创建文件 Oper.java。

(2) 编写代码。

```
import java.util.Scanner;
/**
 * 四则运算练习
 *
 * @author: hopeful
 *
 */
public class Oper {
    //相加
    public static int add(int i, int j) {
        System.out.println("加法运算！");
        return i + j;
    }

    //减
    public static int minus(int i, int j) {
        System.out.println("减法运算！");
        return i - j;
    }

    //乘
    public static int multiply(int i, int j) {
        System.out.println("乘法运算！");
        return i * j;
    }

    //除
    public static int divide(int i, int j) {
        System.out.println("除法运算！");
        if (j == 0) {
            System.out.println("被除数不能为 0");
            return -1;
        } else {
            return i / j;
        }
    }

    //取模
    public static int mod(int i, int j) {
        System.out.println("取模运算！");
        return i % j;
    }

    public static void main(String[] args) {
        //定义相关变量
        int i, j, result = 0;
```

```
            char op;
            //接收用户输入的数字
            Scanner scanner = new Scanner(System.in);
            System.out.println("请输入第一个数字：");
            i = scanner.nextInt();
            System.out.println("请输入第二个数字：");
            j = scanner.nextInt();
            System.out.println("请输入运算符号：");
            op = scanner.next().charAt(0);
            //对运算符号进行判断
            switch (op) {
            case '+':
                result = add(i, j);
                break;
            case '-':
                result = minus(i, j);
                break;
            case '*':
                result = multiply(i, j);
                break;
            case '/':
                result = divide(i, j);
                break;
            case '%':
                result = mod(i, j);
                break;
            default:
                System.out.println("你输入的运算符号错误!");
            }
            System.out.println("运算结果为：" + result);
        }
}
```

练习 2：对网上书店系统添加、删除书籍信息

【问题描述】

给某网上书店系统添加书籍信息，书籍信息单独位于一个类，存放于数组内。

【问题分析】

书籍可以有书名、单价等信息。由于书籍数据单独存放于一个类，并用数组实现，所以可使用一些方法给数组赋值，当用户查阅时，返回书籍数组信息。

可以适当把数据数组的定义扩大一些，往数组中放入数据后，假如放入 5 本书籍的数据，那么从数组第 6 个元素开始，数组元素值为 0(单价数字)或空(书名字符串)，所以当添加新书时，可对数组进行循环，当数组元素为 0 或空时，意味着可以把新书信息放在该位置。对于一个字符串，数组元素为空意味其为 null(null 是空的意思)，所以可以让元素和

null 进行对比。

【参考步骤】

```
/**
 * 初始化数据
 */
public class Data {
    //初始化书籍名称信息
    public static String[] initBooksNameArray() {
        String[] booksName = new String[50];
        booksName[0] = "C#2.0 宝典";
        booksName[1] = "Java 编程基础";
        booksName[2] = "J2SE 桌面应用程序开发";
        booksName[3] = "数据库设计和应用";
        booksName[4] = "水浒传";
        booksName[5] = "红楼梦";
        booksName[6] = "三国演义";
        booksName[7] = "西游记";
        return booksName;
    }

    //初始化书籍价格信息
    public static double[] initBooksPriceArray() {
        double[] booksPrice = new double[50];
        booksPrice[0] = 88;
        booksPrice[1] = 55;
        booksPrice[2] = 60;
        booksPrice[3] = 45;
        booksPrice[4] = 55.5;
        booksPrice[5] = 68;
        booksPrice[6] = 78;
        booksPrice[7] = 46;
        return booksPrice;
    }
    //对书籍信息进行展示
    public static void showBooks(String[] booksName, double[] booksPrice) {
        System.out.println("书籍列表：");
        for (int i = 0; i < booksName.length; i++) {
            //如果书名信息为空，证明书籍存储到此为止
            //当然也可以使用 booksPrice 数组进行循环，如果为 0 说明书籍存储到此为止
            if (booksName[i] == null) {
                break;
            }
            System.out.println("书名：" + booksName[i]
            + "\t\t 价格：" + booksPrice[i]);
        }
    }
```

```
}
/**
 * 书籍管理
 *
 * @author: hopeful
 *
 */
public class BookManage {
    //添加书籍信息
    public static void addBook(String[] booksName, String
bookName，double[] booksPrice, double bookPrice) {
        for (int i = 0; i < booksName.length; i++) {
            //第一次遇到数组元素为空时，就可以存储了
            if (booksName[i] == null) {
                booksName[i] = bookName;
                booksPrice[i] = bookPrice;
                break;
            }
        }
    }
    //删除书籍信息
    public static void delBook(String[] booksName, String
bookName, double[] booksPrice) {
        int position = 0, max = 0;
        //一共多少本书
        for (; max < booksName.length; max++) {
            if (booksName[max] == null)
                break;
        }
        //首先对书籍进行查找，检查要删除的书籍是否存在
        for (; position < max; position++) {
            //如果找到，终止查找
            if (booksName[position].equals(bookName)) {
                break;
            }
        }
        //检查书籍是否存在
        if (position < max) {
            System.out.println("找到书籍，位置：" + (position + 1));
            //删除书籍，首先清除本书
            booksName[position] = null;
            booksPrice[position] = 0;
            //后面的书籍往前移动
            for (int i = position; i < max - 1; i++) {
                booksName[i] = booksName[i + 1];
                booksPrice[i] = booksPrice[i + 1];
            }
```

```
                //把最后一本书删除
                booksName[max - 1] = null;
                booksPrice[max - 1] = 0;
            } else {
                System.out.println("没有找到相关书籍！");
            }
        }
}
/**
 * 测试类
 * @author: hopeful
 */
import java.util.Scanner;

public class Test {
    public static void main(String[] args) {
        //获得初始数据
        String[] booksName = Data.initBooksNameArray();
        double[] booksPrice = Data.initBooksPriceArray();
        //变量定义
        String bookName;
        double bookPrice;
        int choice;
        Scanner scanner = new Scanner(System.in);
        //菜单
        System.out.println("请选择功能:");
        System.out.println("1:查看书目");
        System.out.println("2:添加书籍");
        System.out.println("3:删除书籍");
        choice = scanner.nextInt();
        switch (choice) {
        case 1:
            Data.showBooks(booksName, booksPrice);
            break;
        case 2:
            System.out.println("请输入要添加的书的书名：");
            bookName = scanner.next();
            System.out.println("请输入价格：");
            bookPrice = scanner.nextDouble();
            BookManage.addBook(booksName, bookName, booksPrice, bookPrice);
            Data.showBooks(booksName，booksPrice);
            break;

        case 3:
            System.out.println("请输入要删除的书的书名：");
            bookName = scanner.next();
            BookManage.delBook(booksName，bookName，booksPrice);
```

```
                Data.showBooks(booksName, booksPrice);
                break;
            default:
                System.out.println("输入错误！");
            }
        }
    }
```

◆ 第二阶段 ◆

练习 3：打鱼还是晒网

【问题描述】

中国有句俗语叫“三天打鱼两天晒网”。假如某人从 1999 年 9 月 9 日起开始“三天打鱼两天晒网”，问这个人在以后的任意一天中是“打鱼”还是“晒网”。

【问题分析】

根据题意可以将解题过程分为三步。

(1) 计算从 1999 年 9 月 9 日开始至指定日期共有多少天。

(2) 由于“打鱼”和“晒网”的周期为 5 天，所以将计算出的天数除以 5。

(3) 根据余数判断他是在“打鱼”还是在“晒网”。

若余数为 1、2、3，则他是在“打鱼”，否则是在“晒网”。

在这三步中，关键是第一步。求从 1999 年 9 月 9 日至指定日期有多少天，要判断经历年份中是否有闰年，二月为 29 天，平年时为 28 天。

分别定义不同的方法，完成不同的功能块。

【拓展作业】

1. 定义方法，找出 1～100 之间的素数，并求这些素数之和。

提示：定义一个方法，将素数找出后，存入同一数组中；使用另一个方法求数组中元素的和。

2. 定义方法，求出 1! + 2! + 3! + 4！ + … + *n*! 的和，其中的数字 *n* 由用户输入。

注：!表示阶乘，*n*! = *n**(*n*-1)*(*n*-2)*…*1

3. 编写一个方法，输入 *n* 为偶数时，调用函数求 1/2+1/4+…+1/*n*；当输入 *n* 为奇数时，调用函数 1/1+1/3+…+1/*n*。

单元 九

Java 方法的复杂应用

课程目标

- ▶ 掌握以数组作为参数的方法
- ▶ 掌握变量作用域
- ▶ 理解可变参数的方法
- ▶ 掌握类与类之间的相互调用
- ▶ 掌握方法的重载

简 介

单元八重点介绍了方法的声明、定义、返回值以及参数的概念，通过单元八的学习，我们理解了方法在编程方面带来的好处，本单元将延续单元八的内容，重点介绍数组作为参数、变量的作用域、可变参数、类之间方法的相互调用、方法的重载，通过这些内容的学习，加深对方法概念的理解。

9.1 数组作为参数

前一单元已经介绍了方法的功能和作用，并介绍了方法的返回值和参数的特点。但在很多情况下，使用者发现，以基本数据类型作为参数往往很难实现我们想要完成的功能。例如，我们希望设计一个方法对10个数据进行排序，如果是以普通数据类型作为参数，那么需要10个参数来完成这个工作，很明显不是很妥当，这时可以选择将数组作为方法的参数来实现相应功能。

数组也是一种变量，可作为方法的参数。方法定义时把形参类型声明定义为数组，调用方法时，实参使用数组变量就可以了。

示例9.1：判断一个数在数组中是否存在

```
/**
 * 在数组中查找数字
 * @author: chyt
 *
 */
public class Demo5 {
    public static void main(String[] args) {
        int[] arr = { 2, 17, 2, 14, 43, 82, 66, 13, 90 };
        //需要查找的数字
        int findNumber = 13;
        //接收最终的下标，注意传递的参数是数组名
        int position = findNumber(arr, findNumber);
        //如果找到，postion 的值必定小于 arr.length
        if (position < arr.length) {
            System.out.println("在数组中包括" + findNumber);
            System.out.println("下标为：" + position);
        } else {
            System.out.println("数组中不包括" + findNumber);
        }
    }

    /**
     * 查找 n 在数组中是否存在，注意方法的定义，其中一个参数为数组格式
     */
```

```
        public static int findNumber(int[] arr, int n) {
            //查找
            int i = 0;
            for (;   i < arr.length; i++) {
                if (arr[i] == n) {
                    break;
                }
            }
            //如果找到，返回正常下标，最大值为 arr.length-1，没找到的话返回值为 arr.length
            return i;
        }
    }
```

本例定义了一个 findNumber 方法，该方法接收两个参数，一个参数为数组类型，是源数据，另一个参数是需要在数组中查询的数字。这个方法根据这两个参数，使用 for 循环进行查询，一旦找到，即刻中止程序，此时 i 的值就是被找数字的下标；如果没有找到，i 的值随着循环的继续会持续增加，循环结束后，i 的值为 arr.length。本方法最终的返回值 i 可以作为是否找到的判断依据，一旦 i 为 arr.length，说明没找到，如果 i 的值在 0 和 arr.length 之间，说明找到了。

调用方法的时候，需要按照 findNumber 方法的格式，依次传递一个数组及需要查找的数字，顺序不能颠倒，类型不能错误。在保证格式正确的前提下，该方法可以对任意的整型数组进行数据查找。

运行程序，结果如图 9-1 所示。

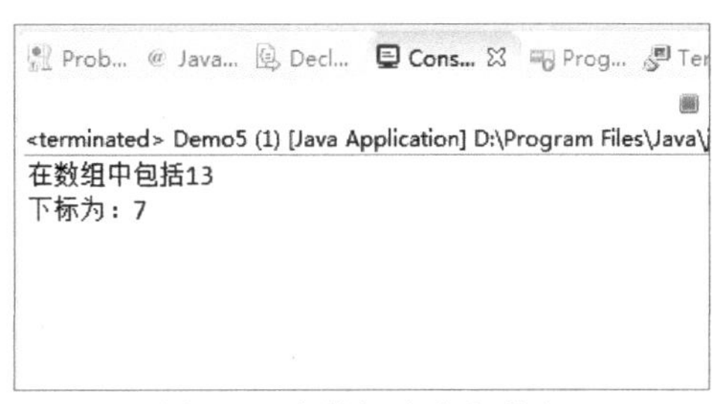

图 9-1　在数组中查询数字

将数组当成参数传递时，可以在被调用方法内改变数组的值，这和传递普通变量是有区别的。

因为数组是复合类型，数组变量存储的是数组存储区的引用，所以，传送数组或返回数组实际上是在传送引用。从这个意义上说，即使实际参数和形式参数数组变量名不同，但因为它们是相同的引用，若在被调方法中改变了形参数组，则该形参对应的实参数组也将发生变化。

示例 9.2：

```
/**
 * 把数组作为参数
 *
 * @author: hopeful
```

```
 *
 */

public class ArrayArgument {
    public static void main(String[]args) {
        int x[] = { 11, 12, 13, 14, 15 };
        display(x);
        change(x);
        display(x);
    }

    public static void change(int x[]) {
        for (int i = 0; i < x.length; i++)
            x[i] += 10;
    }

    public static void display(int x[]) {
        for (int s= 0; s < x.length; s++)
            System.out.print(s + " ");
        System.out.println();
    }
}
```

程序运行结果如图 9-2 所示。

```
Prob...  Java...  Decl...  Cons...  Prog...

<terminated> ArrayArgument [Java Application] D:\Program
0 1 2 3 4
0 1 2 3 4
```

图 9-2　把变量、数组作为参数

示例 9.3：

```
/**
 * 把数组、普通变量作为参数
 * @author: hopeful
 *
 */
public class ArrayTest {
    //该方法试图更改变量的值
    public static void changeValue(int i, String s , char[] c){
        i = 100;
        s = "good work";
        c[0] = 'g';
    }
    public static void main(String[] args) {
        //初始值
        int num = 1;
```

```
            String str = "Hello Moto";
            char [] ch = {'k', 'o', 'o', 'g', 'l', 'e'};
            //调用方法，并输出“被更改”后的值
            changeValue(num, str, ch);
            System.out.println("num = " + num);
            System.out.println("str = " + str);
            System.out.println("ch[0] = " + ch[0]);
        }
    }
```

程序输出结果如图 9-3 所示。

```
Prob... @ Java... Decl... Cons... Prog...

<terminated> ArrayTest [Java Application] D:\Program Files\
num = 1
str = Hello Moto
ch[0] = g
```

图 9-3　把普通变量、数组作为参数

可以看到，如果传递普通变量，变量的值没有任何改动，但如果传递数组，则数组元素的值可以被改变。

9.2　变量的作用域

在第 4.1 节中，曾经提到过块作用域，块由左右两个大括号包含，块作用域内定义的变量只能在本块内使用。其实，对于一个方法来说，也保持同样的规则：在方法内定义的变量，只能在本方法内使用，一个方法如果有参数，那么该参数也被包含在方法的作用域内。

作用域可以嵌套，如果定义了一个方法，在方法内定义了一个变量，那么在该方法的任意块中(如方法内的 if 语句块)，该变量均可以使用；反之，如果在内部块中定义变量，那么在块的外部是不可以使用的。

示例 9.4：

```
/**
 * 变量的作用域
 * @author: hopeful
 *
 */
public class Demo7 {
    //求两个数的较大者
    public static int getMax(int i, int j){
        int max;
        if(i>j){
            int k = 100;
            max = i;
```

```
        }else{
            max = j;
        }
        return max;
    }
    public static void main(String[] args) {
        int max = getMax(2, 4);
        System.out.println(max);
    }
}
```

本例有一个 getMax 方法，作用是接收两个数字，经过判断返回其中的较大者，main 方法中调用了 getMax 方法。

首先看 getMax 方法。在这个方法内定义了一个变量 max，max 变量属于方法变量，那么它只能在 getMax 方法内使用。当然，在 getMax 方法内的任意代码块中，也可以被使用，但是，if 语句块中定义的“int k = 100”，不能在 if 语句外使用。

其次，getMax 方法有两个参数：i 和 j。根据以上描述，i 和 j 也相当于是 getMax 方法内的变量，所以 i、j 的作用域和 max 相同。

第三，看 main 方法。在 main 方法里，也定义了一个变量 max，但是，由于作用域的问题，main 方法内的 max 和 getMax 方法内的 max 其实是两个互不相干的变量。所以这么定义并没有任何问题。但是在大部分情况下，为了保持程序的整洁、提高可阅读性，不推荐在一个类中定义重名的变量。

另一个需要记住的重要之处是：变量在其作用域内被创建，离开其作用域时被撤销。

这意味着一个变量一旦离开它的作用域，将不再保存它的值了。事实上，一旦某个程序块执行完毕，块内的变量即刻就被销毁。因此，在一个方法内定义的变量在几次调用该方法之间将不再保存它们的值。同样，在块内定义的变量在离开该块时也将丢弃它的值。因此，一个变量的生存期就被限定在它的作用域中。

示例 9.5：

```
/**
 * 变量的作用域
 * @author: hopeful
 *
 */
public class Demo8 {
    //测试方法
    public static void test(){
        int i = 0;
        i++;
        System.out.println("i = " + i);
    }
    public static void main(String[] args) {
        test();
        test();
```

```
        }
    }
```

test 方法中定义了变量 i，自加后输出 i 的值，在 main 方法中，调用了两次 test 方法，那么运行程序后输出结果中，i 的值分别是多少呢？

没错，i 的值均为 1，由于 i 是方法变量，所以第一次调用后，i 就销声匿迹了，已经被销毁。当第二次调用时，将重新定义变量 i，并赋值为 0。

9.3　可变参数的方法

Java 语言在 JDK 1.5 中首次推出 Java 可变参数，即 variable arguments，或简称 varargs。这一新语言特征给软件开发人员在编写方法时提供了方便性和灵活性。它适用于参数个数不确定，类型确定的情况，Java 把可变参数当成数组处理。注意，可变参数必须位于最后一项。当可变参数个数多于一个时，必将有一个不是最后一项，所以只支持有一个可变参数。因为参数个数不定，所以当其后边还有相同类型参数时，Java 无法区分传入的参数属于前一个可变参数还是后面的参数，所以只能让可变参数位于最后一项。

示例 9.6：

```
/**
 * 可变参数
 *
 * @author: hopeful
 *
 */

public class Test {
    public static int getMax(int... args) {
        int max = 0;
        System.out.println(args[0]);
        for (int i  :   args) {
            if (i > max) {
                max = i;
            }
        }
        return max;
    }

    public static void main(String[] args) {
        System.out.println(getMax(99, 15, 84, 51, 21, 55) + "");
    }
}
```

可变长参数：底层就是一个数组，只能出现在方法的形参里，不能定义。

(1) 可变长参数的方法只有在必需的时候才会调用，如果有确切匹配的不可变参数的方法，会优先选择不可变参数的方法。

(2) 如果两个方法都是可变长参数，都能匹配时，会编译通不过；编译器不知道调用哪个。

(3) 一个方法只能有一个可变长参数，并且这个可变长参数必须是该方法的最后一个参数。

示例 9.7：

```
public static void main(String[] args) {
    // String 数组
    longContent("1", "2", "3");
    //空
    longContent("");
    //int 数组
    longContent(1, 2, 3);
    // double/float 数组
    longContent(1.0, 2.0, 3.0);
}

public static void longContent(Object... str) {// java 长参数
    for (Object co：str) {
        System.out.println(co);
    }
}
```

从实例中可以看到，没必要专门指定数组的类型和长度，用长参数都可以方便地解决，这样可以提高效率。

9.4 类之间方法的相互调用

为将功能块拆分出来，我们采取了对一个功能块编写一个方法的方式，但是如果一个类里面的方法太多，也会显得类太乱，而且方法太多，之间又没有什么联系，会造成类的功能不明晰。为解决这个问题，可以编写多个类，类中只定义相关方法，类与类之间相互调用，完成整个功能。

在当前阶段，由于学习的方法都是 public static 类型的，类与类之间的调用非常简单，只需要用“类名.方法”即可。

示例 9.8：

```
/**
 * 主板类
 * @author: hopeful
 *
 */
public class MainBoard {
    public static boolean work(boolean isElec){
```

```
            if(isElec){
                System.out.println("主板开始工作了!");
                return true;
            }
            return false;
        }
}
/**
 * 电脑类
 * @author:hopeful
 *
 */
public class Computer {
    public static boolean work(boolean isElec){
        boolean isMainBoradWork = MainBoard.work(isElec);
        if(isMainBoradWork){
            System.out.println("电脑开始工作了！");
            return true;
        }
        return false;
    }
}
/**
 * 电脑测试类
 * @author:hopeful
 *
 */
public class TestComputer {
    public static void main(String[] args) {
        boolean isElec = true;
        System.out.println("电源已接通！");
        boolean isWork = Computer.work(isElec);
        if(isWork){
            System.out.println("通电后，电脑工作正常！");
        }else{
            System.out.println("通电后，电脑不能正常工作！");
        }
    }
}
```

本例创建了三个类，分别为主板类(MainBoard)、电脑类(Computer)、电脑测试类(TestComputer)。在主板类中，方法 work 接收是否通电的布尔参数，如果通电了，返回真，否则返回假。在电脑类中，同样有方法 work，但显而易见此 work 非彼 work，电脑类中的 work 方法也接收是否通电的参数，并把参数传递给主板类的 work 方法，根据主板类 work 方法的返回结果，返回对应的布尔值。三个类之间的关系如图 9-4 所示。

主板能否工作
主板类
电脑类
传递参数
传递参数
电脑能否工作
电脑测试类

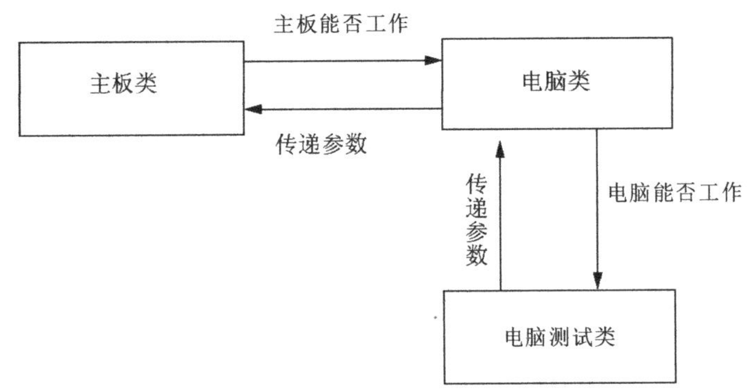

图 9-4　主板类、电脑类、电脑测试类关系示意图

在程序中，通过类的名称带上点操作符调用了类的方法，例如在 TestComputer 类中，使用了"boolean isWork＝Computer.work(isElec);"调用 Computer 类的 work 方法；在 Computer 类中，又调用了 MainBoard 类的 work 方法："boolean isMainBoradWork＝MainBoard.work(isElec);"。但要明确前提：目前所有的方法全是 public static，即公共静态的方法。

运行程序，输出结果如图 9-5 所示。

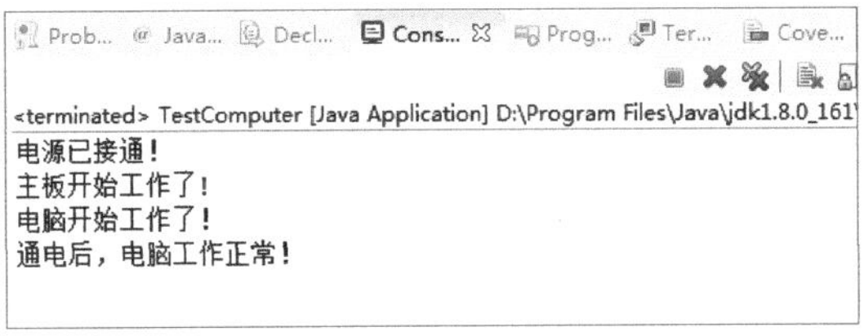

Prob... Java... Decl... Cons... Prog... Ter... Cove...
<terminated> TestComputer [Java Application] D:\Program Files\Java\jdk1.8.0_161
电源已接通！
主板开始工作了！
电脑开始工作了！
通电后，电脑工作正常！

图 9-5　程序正常运行

9.5　方法的重载

方法重载(Overloading)的定义：同一类中有多个方法名相同的方法，但是参数列表不同。方法的重载跟返回值类型和修饰符无关,使用方法的重载，可以减少方法的命名。其中参数列表的不同体现在：参数个数不一样，参数类型不同。查看如下示例：

示例 9.9：

```
/**
 * 方法重载，求和
 *
 * @author: zl
 *
 */
public class Overload {
    public static void main(String[] args) {

        System.out.println(sum(10, 20));
```

```
        System.out.println(sum(10, 20, 30));
        System.out.println(sum(1, 2, 3));
    }

    // 求两个数的和
    public static int sum(int a, int b) {
        return a + b;
    }

    // 求三个数的和
    public static int sum(int a, int b, int c) {
        return a + b + c;
    }

    // short 类型
    public static int sum(short a, short b, short c) {
        return a + b + c;
    }
}
```

从示例中，我们可以看到三个同名方法 sum，一个是求两个数的和，一个是求三个数的和，另外一个也是求三个数的和(但参数类型不同)，这就是方法的重载。程序会自动根据你输入的参数决定调用哪个方法。

运行程序，输出结果如图 9-6 所示。

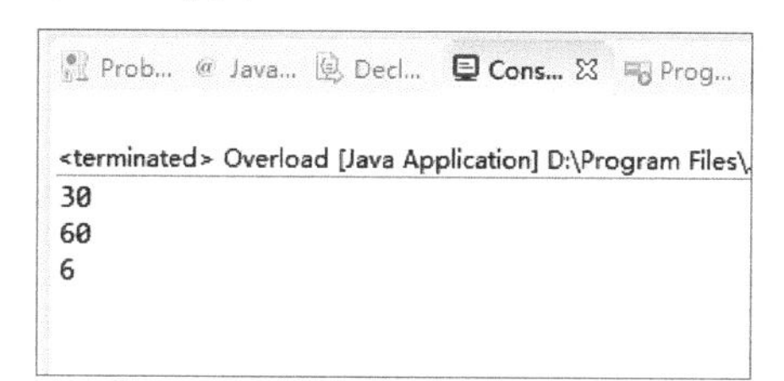

图 9-6　程序运行结果

【单元小结】

- 如果使用普通变量作为参数，形参改动不会影响实参；如果数组作为参数，形参数组的值改变，实参数组中的值也会改变。
- 可变参数适用于参数个数不确定、类型确定的情况，Java 把可变参数当成数组处理。
- 对于 public static 类型的方法，可以直接通过类的名称带上点操作符来调用。
- 如果类中拥有多个同名方法，Java 程序会根据方法中的参数个数、类型、顺序不同去调用对应的方法，这就是方法的重载。

【单元自测】

1. 阅读以下代码。运行后，程序执行结果为(　　)。

```
public class Test {
        public static void a(int i ){
            i++;
        }
        public static void b(int i ){
            i--;
    }
    public static void c(int[]i){
            i[2]++;
        }
    public static void d(int[]i){
            i[3]--;
        }
        public static void main(String[] args) {
            int[] i = new int[4];
            switch(i[0]){
            case 0：a(i[0]);
            case 1：b(i[1]);
            case 2：c(i);
            case 3：d(i);
            default：i[0]++;
        for(int j=0；j<i.length；j++){
                System.out.print(i[j]+"    ");
            }
        }
}
```

A. 0　-1　0　0　　　　B. 1　0　1　-1

C. 0　0　1　1　　　　D. 1　-1　0　-1

2. 阅读以下代码。运行后，程序的输出结果为(　　)。

```
public class Note {
    public static void main(String[]args) {
        String name[] = { "Killer", "Miller" };
        String name0 = "Killer";
        String name1 = "Miller";
        swap(name0，name1);
        System.out.println(name0 + " , " + name1);
        swap(name);
        System.out.println(name[0] + " , " + name[1]);
    }
    public static void swap(String[]name) {
        String temp;
```

```
            temp = name[0];
            name[0] = name[1];
            name[1] = temp;
        }
        public static void swap(String name0, String name1) {
            String temp;
            temp = name0;
            name0 = name1;
            name1 = temp;
        }
}
```

A. Killer，Miller
   Miller，Killer
B. Miller，Killer
   Miller，Killer
C. Miller，Killer
   Killer，Miller
D. Killer，Miller
   Killer，Miller

3. 阅读以下代码。代码运行后，执行结果为(　　)。

```
public class Test {
        public static void main(String[]args) {
                String str = new String("good");
                char[] ch = { 'a', 'b', 'c' };
                str = change(str, ch);
                System.out.print(str + " and ");
                System.out.print(ch);
            }
        public static String change(String str, char ch[]) {
                str = "test ok";
                ch[0] = 'g';
                return str;
            }
}
```

A. good and abc　　B. good and gbc
C. test ok and abc　　D. test ok and gbc

4. 阅读以下代码。运行该段代码，将会(　　)。

```
public class Tester {
            public static void main(String[] args) {
              int i = 10;
              i == 10 ? equals10(): notEqual10();
        }
```

```
        private static int equals10() {
            System.out.println("result is 10");
            return 10;
        }
    private static int notEqual10() {
            System.out.println("result is NOT 10");
            return -1;
    }
}
```

A. 正常运行，输出：result is 10

B. 正常运行，输出：result is Not 10

C. 程序报错，提示“i == 10?equals10():notEqual10()”不是一个正确的语句

D. 正常运行，但无输出内容

5. 有如下类：

```
public class Test3 {
        public static _____ methodA(byte x, float y){
            return (int)x/y*2;
        }
}
```

为让 methodA 方法能成功被调用，下画线处可以填入的代码为(　　)。

A. byte　　B. int　　C. float　　D. double

【上机实战】

上机目标

熟练使用方法参数和返回值。

上机练习

◆ 第一阶段 ◆

练习 1：排序

【问题描述】

排序是数据结构中常见功能，常见的排序算法有冒泡排序、选择排序、插入排序、希尔排序等。

1. 冒泡排序

已知一组无序数据 a[1]，a[2]，…，a[n]，需要将其按升序排列。首先比较 a[1]与 a[2]

的值，若 a[1]大于 a[2]则交换两者的值，否则不变。再比较 a[2]与 a[3]的值，若 a[2]大于 a[3]则交换两者的值，否则不变。再比较 a[3]与 a[4]，以此类推，最后比较 a[n-1]与 a[n]的值。这样处理一轮后，a[n]的值一定是这组数据中最大的。再对 a[1]～a[n-1]以相同方法处理一轮，则 a[n-1]的值一定是 a[1]～a[n-1]中最大的。再对 a[1]～a[n-2]以相同方法处理一轮，以此类推。共处理 n-1 轮后 a[1]，a[2]，…，a[n]就以升序排列了。

- 优点：稳定，比较次数已知。
- 缺点：慢，每次只能移动相邻两个数据，移动数据的次数多。

2. 选择排序

已知一组无序数据 a[1]，a[2]，…，a[n]，需要将其按升序排列。首先比较 a[1]与 a[2]的值，若 a[1]大于 a[2]则交换两者的值，否则不变。再比较 a[1]与 a[3]的值，若 a[1]大于 a[3]则交换两者的值，否则不变。再比较 a[1]与 a[4]，以此类推，最后比较 a[1]与 a[n]的值。这样处理一轮后，a[1]的值一定是这组数据中最小的。再将 a[2]与 a[3]～a[n]以相同方法比较一轮，则 a[2]的值一定是 a[2]～a[n]中最小的。再将 a[3]与 a[4]～a[n]以相同方法比较一轮，以此类推。共处理 n-1 轮后 a[1]，a[2]，…，a[n]就以升序排列了。

- 优点：稳定，比较次数与冒泡排序一样。
- 缺点：相对之下还是慢。

3. 插入排序

已知一组升序排列数据 a[1]，a[2]，…，a[n]，一组无序数据 b[1]，b[2]，…，b[m]，需要将两者合并成一个升序数列。首先比较 b[1]与 a[1]的值，若 b[1]大于 a[1]，则跳过，比较 b[1]与 a[2]的值，若 b[1]仍然大于 a[2]，则继续跳过，直到 b[1]小于 a 数组中某一数据 a[x]，则将 a[x]～a[n]分别向后移动一位，将 b[1]插入到原来 a[x]的位置就完成了 b[1]的插入。b[2]～b[m]用相同方法插入(若无数组 a，可将 b[1]当成 n=1 的数组 a)。

- 优点：稳定，快。
- 缺点：比较次数不一定，比较次数越少，插入点后的数据移动越多，特别是当数据总量庞大时，用链表可解决这个问题。

4. 希尔排序

先取一个小于 n 的整数 d1 作为第一个增量，把文件的全部记录分成 d1 个组。所有增量为 dl 的倍数的记录放在同一个组中。先在各组内进行直接插入排序；然后，取第二个增量 d2<d1 重复上述的分组和排序，直至所取的增量 dt=1(dt<dt-l<…<d2<d1)，即所有记录放在同一组中进行直接插入排序为止。该方法实质上是一种分组插入方法。

- 优点：快，数据移动少。
- 缺点：不稳定，d 的取值是多少，应取多少个不同的值，都无法确切知道，只能凭经验来取。

```
/**
 * 冒泡排序，选择排序，插入排序，希尔(Shell)排序 Java 的实现
 *
 * */
public class SortAll {
```

```
public static void main(String[] args) {
    int[] i = { 1, 5, 6, 12, 4, 9, 3, 23, 39, 403, 596, 87 };
    System.out.println("----冒泡排序的结果：");
    maoPao(i);
    System.out.println();
    System.out.println("----选择排序的结果：");
    xuanZe(i);
    System.out.println();
    System.out.println("----插入排序的结果：");
    chaRu(i);
    System.out.println();
    System.out.println("----希尔(Shell)排序的结果：");
    shell(i);
}

//冒泡排序
public static void maoPao(int[] x) {
    for (int i = 0; i < x.length; i++) {
        for (int j = i + 1; j < x.length; j++) {
            if (x[i] > x[j]) {
                int temp = x[i];
                x[i] = x[j];
                x[j] = temp;
            }
        }
    }
    for (int i: x) {
        System.out.print(i + " ");
    }
}

//选择排序
public static void xuanZe(int[] x) {
    for (int i = 0; i < x.length; i++) {
        int lowerIndex = i;
        //找出最小的一个索引
        for (int j = i + 1; j < x.length; j++) {
            if (x[j] < x[lowerIndex]) {
                lowerIndex = j;
            }
        }
        //交换
        int temp = x[i];
        x[i] = x[lowerIndex];
        x[lowerIndex] = temp;
    }
    for (int i: x) {
```

```
                System.out.print(i + " ");
            }
        }

        //插入排序
        public static void chaRu(int[] x) {
            // i 从 1 开始，因为第一个数已经排好序
            for (int i = 1; i < x.length; i++) {
                for (int j = i; j > 0; j--) {
                    if (x[j] < x[j - 1]) {
                        int temp = x[j];
                        x[j] = x[j - 1];
                        x[j - 1] = temp;
                    }
                }
            }
            for (int i：  x) {
                System.out.print(i + " ");
            }
        }


        //希尔排序
        public static void shell(int[] x) {
            //分组
            for (int increment = x.length / 2; increment > 0; increment /= 2) {
                //每个组内排序
                for (int i = increment; i < x.length; i++) {
                    int temp = x[i];
                    int j = 0;
                    for (j = i; j >= increment; j -= increment) {
                        if (temp < x[j - increment]) {
                            x[j] = x[j - increment];
                        } else {
                            break;
                        }
                    }
                    x[j] = temp;
                }
            }
            for (int i：  x) {
                System.out.print(i + " ");
            }
        }
    }
```

◆ 第二阶段 ◆

练习 2：对数组进行求最大值、最小值、排序等操作

【问题描述】

如果说，石油是工业化的血液，那么，可以说，钢铁是工业化的脊梁！对于中国，从建筑、机械、汽车、造船、铁道、石油、家电、集装箱等八大用钢行业来看，建筑用钢是最大的钢材消费行业，以总建筑规模每年 20 亿平方米左右，按平均直接消耗钢材每平方米 50 公斤计算，每年需要钢材 1 亿吨。其次是机械，这八大行业用钢消费量基本占全国钢材消费量的 70%以上。中国每年 20 亿平方米的建筑总量，接近全球年建筑总量的一半，全世界一半的建筑机械都在中国的各大工地上忙碌。由此也不难解释，中国每年生产的 5 亿吨钢材、14 亿吨水泥、2500 万吨玻璃，以及 200 万台工程机械都用到哪里去了。表 9-1 所示为 2007 年世界多个国家或地区钢铁产量表(前 17 位)。

表 9-1　2007 年世界国家或地区钢铁产量表(前 17 位)

国　家	产量/万吨	国　家	产量/万吨
印　度	5308	日　本	12 020
英　国	1430	土耳其	2576
加拿大	1638	德　国	4855
俄罗斯	7240	法　国	1925
美　国	9721	西班牙	1905
韩　国	5137	墨西哥	1717
意大利	3199	中　国	48 966
乌克兰	4283		
巴　西	3378		

请编程实现如下功能:

(1) 找出 2007 年钢产量最大、最小的国家或地区，打印出国家、地区名及对应的产量。

(2) 对数据进行排序，按照年产量由大到小的顺序输出国家名及对应的产量。

【问题分析】

为便于处理，需要把数据存放于数组内，数组可以定义为二维数组或者多个一维数组，然后根据求最大、最小值的算法对数组进行循环，找出产量的最大、最小值及对应的国家或地区名。

对于排序，之前我们讲过使用 Arrays.sort()方法来实现，但此处明显行不通，其一是该方法只能对数字从小到大排序，不满足题意，其二是我们不仅要实现对产量数字的排序，而且要求对产量对应的国家或地区来排序，如果只对产量排序，那么产量和国家或地区名就对应不上了。为解决这个问题，请参阅附录 C，使用某种排序算法手工排序。

可以编写若干方法，接收数组作为参数，对数组进行操作，在 main 方法内，通过调用这些方法来实现所需功能。

【拓展作业】

1. 编写方法实现对数组元素倒序(例如一个数组为 1，2，3，倒序后元素为 3，2，1)。

2. 请编写程序，针对某网上书店系统实现能对客户资料进行管理的功能部分。具体如下：

```
书店管理销售系统 >会员管理
**************************************************
        1. 显 示 所 有 客 户 信 息
        2. 添 加 客 户 信 息
        3. 修 改 客 户 信 息
**************************************************
请选择：1
书店管理销售系统 > 会员信息管理 > 显示会员信息
        会员号        年龄        积分
        1100          18          100
        1101          24          834
        1102          13          20000
        1103          20          2938
        1104          22          500
        1105          22          3569
        1106          45          45
        1107          6           450
请按'n'返回上一级菜单：n

书店管理销售系统>会员管理
**************************************************
        1. 显 示 所 有 客 户 信 息
        2. 添 加 客 户 信 息
        3. 修 改 客 户 信 息
**************************************************
请选择：2
书店管理销售系统 > 会员信息管理 > 新增会员信息
请输入会员账号：1111
请输入会员年龄：11
请输入会员积分：111
书店管理销售系统 > 会员信息管理 > 显示会员信息
        会员号        年龄        积分
        1100          18          100
        1101          24          834
        1102          13          20000
        1103          20          2938
        1104          22          500
        1105          22          3569
```

```
1106        45        45
1107        6         450
1111        11        111
```

只需要实现添加会员及显示所有会员功能。

附录A

认识 Java 平台与 JVM

A.1 Java 平台结构

说起 Java，人们首先想到的是 Java 编程语言，然而事实上，Java 是一种技术，它由四方面组成：Java 编程语言、Java 类文件格式、Java 虚拟机和 Java 应用程序接口(Java API)。它们的关系如图 A-1 所示。

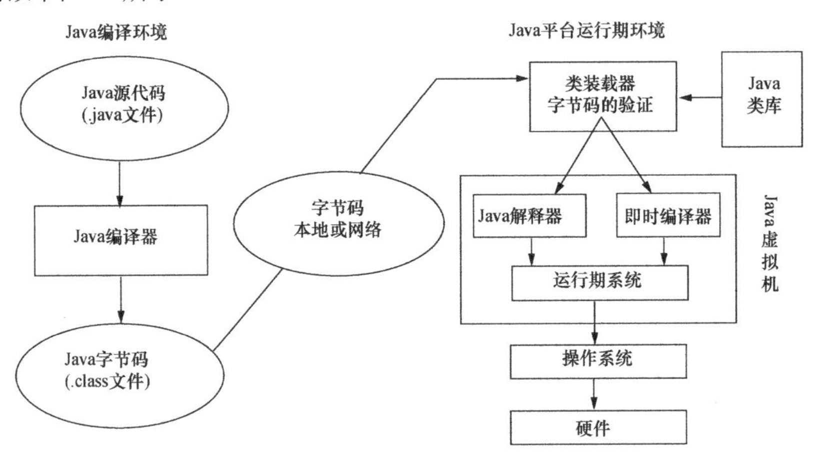

图 A-1　Java 四个方面的关系

运行期环境代表着 Java 平台，开发人员编写 Java 代码(java 文件)，然后将之编译成字节码(class 文件)。最后字节码被装入内存，一旦字节码进入虚拟机，它就会被解释器解释执行，或者被即时代码发生器有选择地转换成机器码执行。从图 A-1 也可以看出 Java 平台由 Java 虚拟机和 Java 应用程序接口搭建，Java 语言则是进入这个平台的通道，用 Java 语言编写并编译的程序可运行在这个平台上。这个平台的结构如图 A-2 所示。

<table>
<tr><td colspan="4">应用程序和小应用程序</td></tr>
<tr><td colspan="2">Java 基本 API</td><td colspan="2">Java 标准扩展 API</td></tr>
<tr><td colspan="2">Java 基类</td><td colspan="2">Java 标准扩展类</td></tr>
<tr><td colspan="4">Java 虚拟机</td></tr>
<tr><td colspan="4">移植接口</td></tr>
<tr><td>适配器</td><td>适配器</td><td rowspan="2">适配器</td><td rowspan="3">Java 操作系统</td></tr>
<tr><td>浏览器</td><td rowspan="2">操作
系统</td></tr>
<tr><td>操作系统</td><td>操作系统</td></tr>
<tr><td>硬件</td><td>硬件</td><td>硬件</td><td>硬件</td></tr>
<tr><td>浏览器上的 Java</td><td>桌面操作系统上的 Java</td><td>小型操作系统上的 Java</td><td>Java 操作系统的 Java</td></tr>
</table>

图 A-2　Java 平台结构

在 Java 平台的结构中，可以看出，Java 虚拟机(JVM)处在核心位置，是程序与底层操作系统和硬件无关的关键。它的下方是移植接口，移植接口由两部分组成：适配器和 Java 操作系统，其中依赖于平台的部分称为适配器；JVM 通过移植接口在具体的平台和操作系统上实现；在 JVM 的上方是 Java 的基本类库和扩展类库以及它们的 API，利用 Java API 编写的应用程序(application)和小程序(Java applet)可在任何 Java 平台上运行而无须考虑底层平台，就是因为有 Java 虚拟机(JVM)实现了程序与操作系统的分离，从而实现了 Java 的平台无关性。

那么到底什么是 Java 虚拟机(JVM)呢？通常谈论 JVM 时，我们的意思可能是：

(1) 对 JVM 规范的比较抽象的说明。

(2) 对 JVM 的具体实现。

(3) 在程序运行期间所生成的一个 JVM 实例。

对 JVM 规范的抽象说明是一些概念的集合，它们已经在 Java 虚拟机规范(The Java Virtual Machine Specification)中被详细地描述了；对 JVM 的具体实现要么是软件，要么是软件和硬件的组合，它已经被许多生产厂商所实现，并存在于多种平台之上；运行 Java 程序的任务由 JVM 的运行期实例单个承担。这里所讨论的 Java 虚拟机(JVM)主要针对第三种情况而言。它可以被看成一个想象中的机器，在实际的计算机上通过软件模拟来实现，有自己想象中的硬件，如处理器、堆栈、寄存器等，还有自己相应的指令系统。

JVM 在它的生存周期中有一个明确的任务，那就是运行 Java 程序，因此当 Java 程序启动的时候，就产生 JVM 的一个实例；当程序运行结束的时候，该实例也跟着消失了。下面从 JVM 的体系结构和它的运行过程两个方面对它进行比较深入的研究。

A.2 Java 虚拟机的体系结构

刚才已经提到，JVM 可以由不同的厂商来实现。由于厂商的不同必然导致 JVM 在实现上的一些不同，然而 JVM 还是可以实现跨平台的特性，这就要归功于设计 JVM 时的体系结构了。

我们知道，一个 JVM 实例的行为不光是它自己的事，还涉及它的子系统、存储区域、数据类型和指令这些部分，它们描述了 JVM 的一个抽象的内部体系结构，其目的不光规定实现 JVM 时它内部的体系结构，更重要的是提供了一种方式，用于严格定义实现时的外部行为。每个 JVM 都有两种机制，一个是装载具有合适名称的类(类或接口)，叫做类装载子系统；另一个负责执行包含在已装载的类或接口中的指令，叫做运行引擎。每个 JVM 又包括方法区、Java 堆、Java 栈、程序计数器和本地方法栈这五个部分，这几个部分和类装载机制与运行引擎机制一起组成的体系结构如图 A-3 所示。

JVM 的每个实例都有一个它自己的方法域和一个堆，运行于 JVM 内的所有的线程都共享这些区域；当虚拟机装载类文件的时候，它解析其中的二进制数据所包含的类信息，并把它们放到方法域中；当程序运行的时候，JVM 把程序初始化的所有对象置于堆上；而每个线程创建的时候，都会拥有自己的程序计数器和 Java 栈，其中程序计数器中的值指向下一条即将被执行的指令，线程的 Java 栈则存储为该线程调用 Java 方法的状态；本地方法调用的状态被存储在本地方法栈，该方法栈依赖于具体的实现。

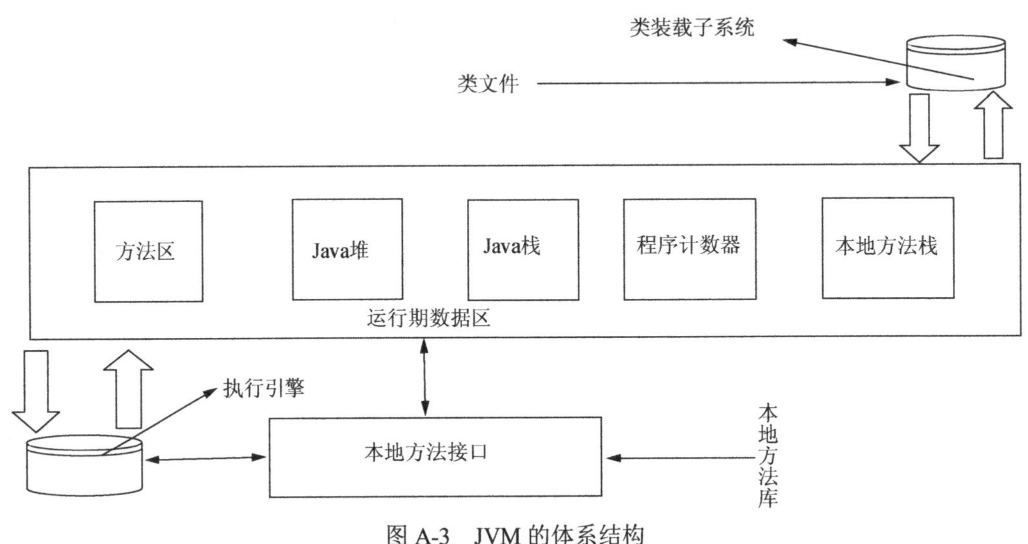

图 A-3 JVM 的体系结构

下面分别对这几个部分进行说明。

执行引擎处于 JVM 的核心位置，在 Java 虚拟机规范中，它的行为是由指令集所决定的。尽管对于每条指令，规范很详细地说明了当 JVM 执行字节码遇到指令时，它的实现应该做什么，但对于怎么做却言之甚少。Java 虚拟机支持大约 248 个字节码。每个字节码执行一种基本的 CPU 运算，例如，把一个整数加到寄存器、子程序转移等。Java 指令集相当于 Java 程序的汇编语言。

Java 指令集中的指令包含一个单字节的操作符，用于指定要执行的操作，还有 0 个或多个操作数，提供操作所需的参数或数据。许多指令没有操作数，仅由一个单字节的操作符构成。

虚拟机的内层循环的执行过程如下：

```
do{
取一个操作符字节;
根据操作符的值执行一个动作;
}while(程序未结束);
```

由于指令系统的简单性，使得虚拟机执行的过程十分简单，从而有利于提高执行的效率。指令中操作数的数量和大小是由操作符决定的。如果操作数比一个字节大，那么它存储的顺序是高位字节优先。例如，一个 16 位的参数存放时占用两个字节，其值为第一个字节×256＋第二个字节的字节码。

指令流一般只是字节对齐的。指令 tableswitch 和 lookup 是例外，在这两条指令内部强制要求 4 字节边界对齐。

对于本地方法接口，实现 JVM 未必需要它的支持，甚至可以完全没有。Sun 公司实现 Java 本地接口(JNI)是出于可移植性的考虑，当然也可以设计出其他的本地接口来代替 Sun 公司的 JNI。但是这些设计与实现是比较复杂的事情，需要确保垃圾回收器不会将那些正在被本地方法调用的对象释放掉。

Java 的堆是一个运行时数据区，类的实例(对象)从中分配空间，它的管理是由垃圾回收来负责的：不给程序员显式释放对象的能力。Java 不规定具体使用的垃圾回收算法，可以根据系统的需求使用各种各样的算法。

Java 方法区与传统语言中的编译后代码或 UNIX 进程中的正文段类似。它保存方法代码(编译后的 java 代码)和符号表。在当前的 Java 实现中，方法代码不包括在垃圾回收堆中，但计划在将来的版本中实现。每个类文件包含了一个 Java 类或一个 Java 界面的编译后的代码。可以说类文件是 Java 语言的执行代码文件。为了保证类文件的平台无关性，Java 虚拟机规范中对类文件的格式也做了详细的说明。其具体细节请参考 Sun 公司的 Java 虚拟机规范。

Java 虚拟机的寄存器用于保存机器的运行状态，与微处理器中的某些专用寄存器类似。Java 虚拟机的寄存器有四种：

(1) pc：Java 程序计数器。

(2) optop：指向操作数栈顶端的指针。

(3) frame：指向当前执行方法的执行环境的指针。

(4) vars：指向当前执行方法的局部变量区第一个变量的指针。

在上述体系结构图中，我们所说的是第一种，即程序计数器，每个线程一旦被创建就拥有了自己的程序计数器。当线程执行 Java 方法的时候，它包含该线程正在被执行的指令的地址。但是若线程执行的是一个本地方法，就不会定义程序计数器的值。

Java 虚拟机的栈有三个区域：局部变量区、运行环境区、操作数栈区。

1. 局部变量区

每个 Java 方法使用一个固定大小的局部变量集。它们按照与 vars 寄存器的字偏移量来寻址。局部变量都是 32 位的。长整数和双精度浮点数占据了两个局部变量的空间，却按照第一个局部变量的索引来寻址。例如，一个具有索引 n 的局部变量，如果是一个双精度浮点数，那么它实际占据了索引 n 和 n+1 所代表的存储空间。虚拟机规范并不要求局部变量中的 64 位的值是 64 位对齐的。虚拟机提供了把局部变量中的值装载到操作数栈的指令，也提供了把操作数栈中的值写入局部变量的指令。

2. 运行环境区

在运行环境中包含的信息用于动态链接、正常的方法返回以及异常捕捉。

(1) 动态链接

运行环境包括指向当前类和当前方法的解释器符号表的指针，用于支持方法代码的动态链接。方法的 class 文件代码在引用要调用的方法和要访问的变量时使用符号。动态链接把符号形式的方法调用翻译成实际方法调用，装载必要的类以解释还没有定义的符号，并把变量访问翻译成与这些变量运行时的存储结构相应的偏移地址。动态链接方法和变量使得方法中使用的其他类的变化不会影响到本程序的代码。

(2) 正常的方法返回

如果当前方法正常地结束了，在执行了一条具有正确类型的返回指令时，调用的方法会得到一个返回值。执行环境在正常返回的情况下用于恢复调用者的寄存器，并把调用者的程序计数器增加一个恰当的数值，以跳过已执行过的方法调用指令，然后在调用者的执行环境中继续执行下去。

(3) 异常捕捉

异常情况在 Java 中被称为 Error(错误)或 Exception(异常)，是 Throwable 类的子类，在程序中的原因是：①动态链接错误，如无法找到所需的 class 文件；②运行时错误，如对一个空指针的引用；③程序使用了 throw 语句。

当异常发生时，Java 虚拟机采取如下措施：

(1) 检查与当前方法相联系的 catch 子句表。每个 catch 子句包含其有效指令范围、能够处理的异常类型，以及处理异常的代码块地址。

(2) 与异常相匹配的 catch 子句应该符合下面的条件：造成异常的指令在其指令范围之内，发生的异常类型是其能处理的异常类型的子类型。如果找到了匹配的 catch 子句，那么系统转移到指定的异常处理块处执行；如果没有找到异常处理块，则重复寻找匹配的 catch 子句的过程，直到当前方法的所有嵌套的 catch 子句都被检查过。

(3) 由于虚拟机从第一个匹配的 catch 子句处继续执行，所以 catch 子句表中的顺序是很重要的。因为 Java 代码是结构化的，因此总可以把某个方法的所有异常处理器都按序排列到一个表中，对任意可能的程序计数器的值，都可以用线性的顺序找到合适的异常处理块，以处理在该程序计数器值下发生的异常情况。

(4) 如果找不到匹配的 catch 子句，那么当前方法得到一个“未截获异常”的结果并返回到当前方法的调用者，好像异常刚刚在其调用者中发生一样。如果在调用者中仍然没有找到相应的异常处理块，那么这种错误将被传播下去。如果错误被传播到顶层，系统将调用一个默认的异常处理块。

3. 操作数栈区

机器指令只从操作数栈中取操作数，对它们进行操作，并把结果返回到栈中。选择栈结构的原因是：在只有少量寄存器或非通用寄存器的机器(如 Intel486)上，也能够高效地模拟虚拟机的行为。操作数栈是 32 位的。它用于给方法传递参数，并从方法接收结果，也用于支持操作的参数，并保存操作的结果。例如，iadd 指令将两个整数相加。相加的两个整数应该是操作数栈顶的两个字。这两个字是由先前的指令压进堆栈的。这两个整数将从堆栈弹出、相加，并把结果压回到操作数栈中。

每个原始数据类型都有专门的指令对它们进行必需的操作。每个操作数在栈中需要一个存储位置，除了 long 和 double 型，它们需要两个位置。操作数只能被适用于其类型的操作符所操作。例如，压入两个 int 类型的数，如果把它们当成一个 long 类型的数则是非法的。在 Sun 的虚拟机实现中，这个限制由字节码验证器强制实行。但是，有少数操作(操作符 dupe 和 swap)，用于对运行时数据区进行操作时是不考虑类型的。

对于本地方法栈，当一个线程调用本地方法时，本地方法就不再受到虚拟机关于结构和安全限制方面的约束，它既可以访问虚拟机的运行期数据区，也可以使用本地处理器以及任何类型的栈。例如，若本地栈是一个C语言的栈，那么当C程序调用C函数时，函数的参数以某种顺序被压入栈，结果则返回给调用函数。在实现Java虚拟机时，本地方法接口使用的是C语言的模型栈，它的本地方法栈的调度和使用则完全与C语言的栈相同。

A.3　Java虚拟机的运行过程

上面对虚拟机的各个部分进行了比较详细的说明，下面通过一个具体例子来分析它的运行过程。

虚拟机通过调用某个指定类的方法main启动，传递给main一个字符串数组参数，使指定的类被装载，同时链接该类所使用的其他类型，并初始化它们。例如对于程序：

```
class HelloApp {
public static void main(String[] args) {
        System.out.println("Hello World!");
        for (int i = 0; i < args.length; i++ ) {
            System.out.println(args[i]);
        }
    }
}
```

编译后，在命令行模式下输入java HelloApp run virtual machine，将通过调用HelloApp的方法main来启动Java虚拟机，传递给main一个包含三个字符串"run"、"virtual"、"machine"的数组。现在略述虚拟机在执行HelloApp时可能采取的步骤。

开始试图执行类HelloApp的main方法，发现该类并没有被装载，也就是说虚拟机当前不包含该类的二进制代表，于是虚拟机使用ClassLoader试图寻找这样的二进制代表。如果这个进程失败，则抛出一个异常。类被装载后同时在main方法被调用之前，必须对类HelloApp与其他类型进行链接然后初始化。链接包含三个阶段：检验、准备和解析。“检验”检查被装载的主类的符号和语义，“准备”则创建类或接口的静态域以及把这些域初始化为标准的默认值，“解析”负责检查主类对其他类或接口的符号引用，在这一步它是可选的。类的初始化是对类中声明的静态初始化函数和静态域的初始化构造方法的执行。一个类在初始化之前它的父类必须被初始化。整个过程如图A-4所示。

这里通过对JVM的体系结构的深入研究以及一个Java程序执行时虚拟机的运行过程的详细分析，意在剖析清楚Java虚拟机的机理。

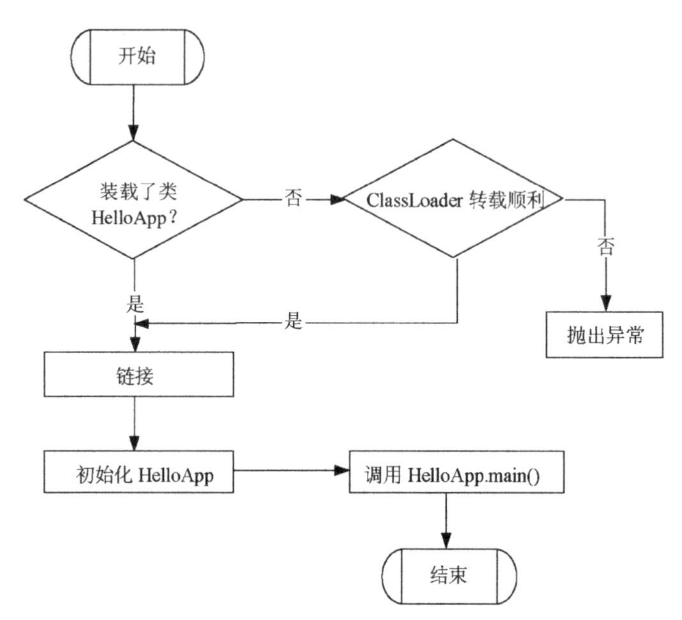

图 A-4　虚拟机的运行过程

附录B

设置环境变量

大家知道，Java IDE 只是帮助我们编辑运行 Java 程序，但 IDE 并不是 Java 的本质，IDE 还需要借助于 Java 虚拟机本身来执行 Java 程序，那么可不可以脱离 IDE，自由编写并运行 Java 程序呢？答案是肯定的。Java 提供了 javac.exe 和 java.exe 两个工具分别来帮助我们编译和运行 Java 程序。它们的用法为：

- 编译：javac Java 文件名.java

编译后生成对应的 class 文件。

- 运行：java class 文件名

运行时，执行的文件为 class 文件，注意运行时不加后缀名。

不过，这些过程需要首先安装 JDK，其次，还需要简单配置才能使用。安装 JDK 倒不难，一般情况下安装到 C 盘 Java 文件夹下即可。下面就配置方面加以解释。

B.1 Java 环境变量的作用

Java程序能够顺利编译需要两个环境变量，一个是PATH(path)，一个是CLASSPATH (classpath)。那么这两个环境变量代表什么呢？或者说究竟在Java程序编译中有什么作用呢？这就涉及Windows的基本知识。在Windows环境中，每一条能用的指令都保存在硬盘的“某个角落”。

例如，当在DOS命令提示符中输入NOTEPAD，就可以打开记事本。但是一旦把C:\WINDOWS及C:\WINDOWS\SYSTEM32目录下的NOTEPAD.EXE这个可执行文件移开(如把它们剪切到D盘根目录下)，再在DOS提示符下直接输入NOTEPAD时就会提示找不到文件；但是在DOS下改变路径，输入D:\NOTEPAD(或者先输入cd D:再输入NOTEPAD也行)就又可以打开记事本。

这就说明在直接输入 NOTEPAD 的时候，其实操作系统会到某些特殊的地方去找这些文件，如果能找到，就打开该文件，如果找不到，则提示错误。根据以上试验，可以知道默认路径至少包含 C:\WINDOWS 及 C:\WINDOWS\SYSTEM32 目录，那么这些信息记录在哪里呢？这就是环境变量。

B.2 配置环境变量的方法

由于执行 Java 程序使用的是 JDK 安装目录下 bin 目录内的 Java.exe，所以假设要运行一个 Java 程序(HelloWorld.java)，就要先把它的 class 文件移动到 Java 里的 bin 目录下，然后打开 DOS，把路径改到 Java 的 bin 目录下执行 java HelloWorld，一次无所谓，但是每次都要这样去做未免太麻烦。还好 Windows 提供了一个 Path 环境变量，它的作用就是当用户在 DOS 环境下输入一串字符时(如试验中的 NOTEPAD)，先在这个变量的值路径中去找，如果找到了要运行的 EXE 就运行，否则失败。如果把 Java 里的 bin 目录这个路径赋给 Path，那么下次在运行 bin 目录中的 exe 文件时，就可以直接在 DOS 环境下输入名称而使用了。

下面介绍 ClassPath 环境变量。不知道大家注意到没有，上面说的那句话——“假设要运行一个 Java 程序(HelloWorld.java)，就要先把它的 class 文件移动到 Java 里的 bin 目录下”，为什么要这样做呢？因为在用到 java HelloWorld 这条指令时，DOS 不知道 HelloWorld.class 这个文件在哪里，它就先到当前目录中去找，如果找到就运行，否则失败。在运行 Java 程序时，有时要借用 Sun 公司提供的成品代码，这时不需要到处找，只需要把这些成品代码的路径放在 ClassPath 中就行了，这就是为什么要对 ClassPath 进行设置。当然，如果程序员自身编写的程序习惯于放在某个固定的文件夹内，那么也可以把这个文件夹设置于 ClassPath 内。

以上阐述了 Path 和 ClassPath 两个环境变量的作用，其实不管是 Path，还是 ClassPath，都是一样的，都要让系统自动去某个位置查找相关文件，所不同的仅仅是一个为 Java 文件，一个为 Class 文件而已。如果设置好了，Java 的编译和运行就基本上没什么问题了。

那么如何设置环境变量呢？

右击“计算机”，从弹出的快捷菜单中选择“属性”命令。在选项卡里选择“高级系统设置”选项，然后单击“环境变量”按钮，弹出“环境变量”对话框，如图 B-1 所示。

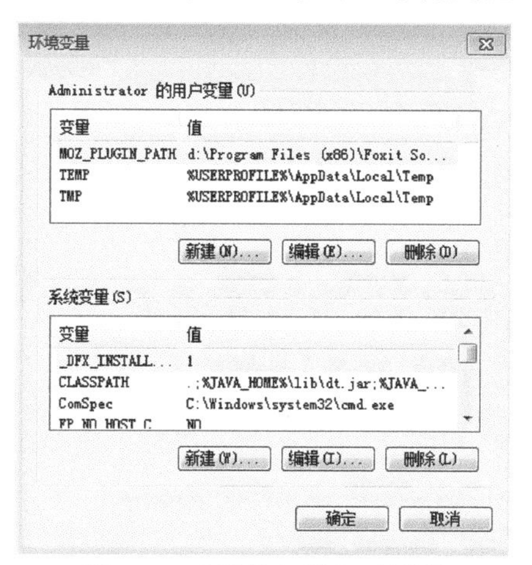

图 B-1　“环境变量”对话框

在下面的“系统变量”中新建系统变量，变量名输入 JAVA_HOME，在变量值中添加上 JDK 所在目录的路径。如图 B-2 所示。

图 B-2　JAVA_HOME 环境变量

再在“系统变量”中找到 Path 变量，双击编辑变量值，在行首输入 Java 所在的 bin 目录的路径(其他的不要删)，由于前面我们已经录入了 JDK 路径，因此这里可通过%方式将 JAVA_HOME 引入，和其他路径值用分号(英文状态下的;)隔开，如图 B-3 所示。

图 B-3　Path 环境变量

至于 ClassPath 的设置，和 Path 的设置是一样的，如果没有 ClassPath 变量，可以新建一个。设置完毕后效果如图 B-4 所示。

图 B-4　ClassPath 环境变量

这里，ClassPath 的值为“.;%JAVA_HOME%\lib\dt.jar;%JAVA_HOME%\lib\tools.jar”，前面的点号代表目前所处的位置，例如 class 文件位于 D 盘根目录下，那么这个点号就代表“D: \”，所以如果要执行自己编写的程序，只需要切换到程序文件所在的文件夹就可以了。

配置完成后，就能正常编译和执行 Java 程序了。

示例：HelloWorld.java

```
public class HelloWorld{
    public static void main(String [] args){
        System.out.println("Welcome");
    }
}
```

这个程序非常简单，只是打印一句话而已。把该 Java 文件放在 D 盘 test 目录下，接下来首先编译它。

单击“开始”→“运行”，输入 cmd 打开 DOS 界面，输入“D:”切换到 D 盘。输入 cd test，切换至 test 目录，接下来就可以编译、运行了。根据前面提到的格式，输入 javac HelloWorld.java 进行编译。如果没有任何提示，说明编译成功，一旦报错，请检查程序错误。完毕后输入 java HelloWorld 运行程序。效果如图 B-5 所示。

图 B-5　编译及运行 Java 程序

附录C

认识排序算法

通过比较来确定输入序列<a1、a2、…、an>的元素间相对次序的排序算法称为比较排序算法。针对特定的情况、特定的效率要求，排序算法有很多种，下面只列出部分经典算法，同学们可认真阅读，反复尝试，逐渐掌握。

C.1 选择排序

选择排序的基本思想是对待排序的记录序列进行 n-1 遍处理，第 i 遍处理是将 L[i..n]中最小者与 L[i]交换位置。这样，经过 i 遍处理之后，前 i 个记录的位置已经是正确的了。

C.2 冒泡排序

最简单的排序方法是冒泡排序方法。这种方法的基本思想是，将待排序的元素看做是竖着排列的“气泡”，较小的元素比较轻，从而要往上浮。在冒泡排序算法中要对这个“气泡”序列处理若干遍。所谓一遍处理，就是自底向上检查一遍这个序列，并时刻注意两个相邻的元素的顺序是否正确。如果发现两个相邻元素的顺序不对，即“轻”的元素在下面，就交换它们的位置。显然，处理一遍之后，“最轻”的元素就浮到了最高位置；处理两遍之后，“次轻”的元素就浮到了次高位置。在做第二遍处理时，由于最高位置上的元素已是“最轻”元素，所以不必检查。一般地，第 i 遍处理时，不必检查第 i 高位置以上的元素，因为经过前面第 i-1 遍的处理，它们已正确地排好序了。

C.3 插入排序

插入排序的基本思想是，经过 i-1 遍处理后，L[1..i-1]已排好序。第 i 遍处理仅将 L[i]插入 L[1..i-1]的适当位置，使得 L[1..i]又是排好序的序列。要达到这个目的，可以用顺序比较的方法。首先比较 L[i]和 L[i-1]，如果 L[i-1]≤L[i]，则 L[1..i]已排好序，第 i 遍处理就结束了；否则交换 L[i]与 L[i-1]的位置，继续比较 L[i-1]和 L[i-2]，直到找到某一个位置 j(1≤j≤i-1)，使得 L[j]≤L[j+1]时为止。

C.4 快速排序

快速排序的基本思想是基于分治策略的。对于输入的子序列 L[p..r]，如果规模足够小则直接进行排序，否则分三步处理：

(1) 分解(Divide)。将输入的序列 L[p..r]划分成两个非空子序列 L[p..q]和 L[q+1..r]，使 L[p..q]中任一元素的值不大于 L[q+1..r]中任一元素的值。

(2) 递归求解(Conquer)。通过递归调用快速排序算法，分别对 L[*p*..*q*]和 L[*q*+1..*r*]进行排序。

(3) 合并(Merge)。由于对分解出的两个子序列的排序是就地进行的，所以在 L[*p*..*q*]和 L[*q*+1..*r*]都排好序后，不需要执行任何计算 L[*p*..*r*]就已排好序。

示例：

```
public class SortTest {
    /**
     * 交换算法
     */
    public static void swap(int a[], int i, int j) {
        int tmp = a[i];
        a[i] = a[j];
        a[j] = tmp;
    }

    //选择排序法
    public static void sortSelection(int[] vec) {
        //获得系统当前时间
        long begin = System.currentTimeMillis();
        //k 次循环，增加运算时间
        for (int k = 0; k < 1000000; k++) {
            for (int i = 0; i < vec.length; i++) {
                for (int j = i; j < vec.length; j++) {
                    if (vec[j] < vec[i]) {
                        swap(vec, i, j);
                    }
                }
            }
        }
        //耗时
        long end = System.currentTimeMillis();
        System.out.println("选择法用时为:" + (end - begin));
        //排序后序列
        for (int i = 0; i < vec.length; i++) {
            System.out.println(vec[i]);
        }
    }

    //冒泡排序法
    public static void sortBubble(int[] vec) {
```

```
        long begin = System.currentTimeMillis();
        for (int k = 0; k < 1000000; k++) {
            for (int i = 0; i < vec.length; i++) {
                for (int j = i; j < vec.length - 1; j++) {
                    if (vec[j + 1] < vec[j]) {
                        swap(vec, j + 1, j);
                    }
                }
            }
        }
        long end = System.currentTimeMillis();
        System.out.println("冒泡法用时为:" + (end - begin));
        for (int i = 0; i < vec.length; i++) {
            System.out.println(vec[i]);
        }
    }

    //插入排序法
    public static void sortInsertion(int[] vec) {
        long begin = System.currentTimeMillis();
        for (int k = 0; k < 1000000; k++) {
            for (int i = 1; i < vec.length; i++) {
                int j = i;
                while (vec[j - 1] > vec[j]) {
                    vec[j] = vec[j - 1];
                    j--;
                    if (j <= 0) {
                        break;
                    }
                }
                vec[j] = vec[i];
            }
        }
        long end = System.currentTimeMillis();
        System.out.println("插入法用时为:" + (end - begin));
        for (int i = 0; i < vec.length; i++) {
            System.out.println(vec[i]);
        }
    }

    public static int partition(int a[], int low, int high) {
```

```
        int pivot, p_pos, i;
        p_pos = low;
        pivot = a[p_pos];
        for (i = low + 1; i <= high; i++) {
            if (a[i] < pivot) {
                p_pos++;
                swap(a, p_pos, i);
            }
        }
        swap(a, low, p_pos);
        return p_pos;
    }

    public static void quicksort(int a[], int low, int high) {
        int pivot;
        if (low < high) {
            pivot = partition(a, low, high);
            quicksort(a, low, pivot - 1);
            quicksort(a, pivot + 1, high);
        }
    }

    //快速排序法
    public static void sortQuick(int[] vec) {
        long begin = System.currentTimeMillis();
        for (int k = 0; k < 1000000; k++) {
            quicksort(vec, 0, 5);
        }
        long end = System.currentTimeMillis();
        System.out.println("快速法用时为:" + (end - begin));
        for (int i = 0; i < vec.length; i++) {
            System.out.println(vec[i]);
        }
    }

    /**
     * @param args
     */
    public static void main(String[] args) {
        //测试各种排序算法
        int[] vec = new int[] { 37, 47, 23, -5, 19, 56 };
```

```
            sortSelection(vec);
            sortBubble(vec);
            sortInsertion(vec);
            sortQuick(vec);
        }
}
```

附录D

认识 Java 编程中的异常

编程过程中，难免会遇到各种各样的错误和异常(Exception)。例如，当让某个数字除以 0 时，将会报告如图 D-1 所示异常。

图 D-1　ArithmeticException

图 D-1 中，程序报告了异常。注意，虽然关于异常的具体知识在 Java SE 课程中才能学到，但这里要求能看得懂发生了什么错误，以便解决问题，我们要学会阅读 IDE 报告错误的含义。例如，图 D-1 中提示，在 main 函数中发生了一个异常，异常类型为 ArithmeticException(算术异常)，引发异常的原因为“/by zero”，即被 0 除。异常代码位于名为 Exchg.java 文件的第 6 行。

有了这些信息，有目的、有目标地排除错误，比盲目通篇找错误要简单得多。所以在学习过程中，同学们应当养成善于总结的好习惯，把经常遇到的异常记录下来，以后再遇到了，方便查阅。表 D-1 列出了部分在当前学习阶段容易遇到的异常，供同学们参考。

表 D-1　常见的异常类型

异常类型/异常原因	解　　释
ArithmeticException	算术异常，当出现异常的运算条件时，抛出此异常。例如，一个整数“除以零”时，抛出此类的一个实例
ArrayIndexOutOfBoundsException	数组下标越界异常，用非法索引访问数组时抛出的异常。如果索引为负或大于等于数组大小，则该索引为非法索引。例如语句“int [] a = new int[3]; a[3]=1”将引发此异常
ClassCastException	类型转换异常，当试图将对象强制转换为不是实例的子类时(即转换时类型不兼容)，抛出该异常
IllegalAccessException	当应用程序试图载入一个类，但由于类不是声明为 Public 或者在其他包中，正在执行的方法不能访问特定类的定义时，抛出异常。当应用程序试图调用 newInstance 方法创建一个类的实例，但方法无法访问无参数的构造器时，抛出异常
IOException	当发生某种 I/O 异常时，抛出此异常。此类为异常的通用类，它是由失败的或中断的 I/O 操作生成的
NullPointerException	当应用程序试图在需要对象的地方使用 null 时，抛出该异常。这种情况包括：调用 null 对象的实例方法；访问或修改 null 对象的字段；将 null 作为一个数组，获得其长度；将 null 作为一个数组，访问或修改其时间片；将 null 作为 Throwable 值抛出
OutOfMemoryError	因为内存溢出或没有可用的内存提供给垃圾回收器时，Java 虚拟机无法分配一个对象，这时抛出该异常

(续表)

异常类型/异常原因	解　释
IllegalArgumentException	方法的参数错误，一旦发现这个异常，就要赶紧去检查一下方法调用中的参数传递是不是出现了错误
ClassNotFoundException (NoClassDefFoundError)	指定的类不存在，这里主要考虑一下类的名称和路径是否正确即可
……cannot be resolved	找不到变量
Duplicate local variable	重复定义的变量
Type mismatch: cannot convert from 类型1 to 类型 2	类型转换错误